浙江省重点建设高校优势特色学科(浙江工商大学统计学)
统计数据工程技术与应用协同创新中心(浙江省2011协同创新中心) 联合资助
浙江工商大学之江大数据统计研究院
浙江工商大学杭州之江经济大数据实验室

# 浙江省海洋工程建设现状与评估

庄燕杰　程开明　著

浙江工商大學出版社
ZHEJIANG GONGSHANG UNIVERSITY PRESS
·杭州·

图书在版编目（CIP）数据

浙江省海洋工程建设现状与评估 / 庄燕杰，程开明
著. — 杭州：浙江工商大学出版社，2020.12
　ISBN 978-7-5178-4220-0

　Ⅰ.①浙… Ⅱ.①庄… ②程… Ⅲ.①海洋工程-工程项目
管理-研究-浙江 Ⅳ.①P75

中国版本图书馆 CIP 数据核字（2020）第 257441 号

# 浙江省海洋工程建设现状与评估
ZHEJIANG SHENG HAIYANG GONGCHENG JIANSHE XIANZHUANG YU PINGGU

庄燕杰　程开明　著

| | |
|---|---|
| 责任编辑 | 谭娟娟 |
| 责任校对 | 张春琴 |
| 封面设计 | 红羽文化 |
| 责任印制 | 包建辉 |
| 出版发行 | 浙江工商大学出版社 |
| | （杭州市教工路198号　邮政编码310012） |
| | （E-mail：zjgsupress@163.com） |
| | （网址：http://www.zjgsupress.com） |
| | 电话：0571-88904980，88831806（传真） |
| 排　版 | 杭州红羽文化创意有限公司 |
| 印　刷 | 杭州高腾印务有限公司 |
| 开　本 | 710mm×1000mm　1/16 |
| 印　张 | 10.25 |
| 字　数 | 157千 |
| 版 印 次 | 2020年12月第1版　2020年12月第1次印刷 |
| 书　号 | ISBN 978-7-5178-4220-0 |
| 定　价 | 45.00元 |

# 序

由内陆走向海洋，由海洋走向世界，是世界历史上强国发展的必由之路。历史的经验反复告诉我们，一个国家"向海则兴、背海则衰"。21世纪更被世界各国称为"海洋世纪"。

党中央和国务院高度重视海洋事业的发展，将海洋开发与利用上升为国家发展战略。2008年，国务院发布了新中国成立以来首个海洋领域的总体规划——《国家海洋事业发展规划纲要》，指导海洋事业的全面、协调和可持续发展。2012年11月，党的十八大报告中指出："中国将提高海洋资源开发能力，坚决维护国家海洋权益，建设海洋强国。"自此，"建设海洋强国"战略被明确提出。2013年7月30日，中共中央政治局就建设海洋强国召开第八次集体学习会，习近平总书记在会上对建设海洋强国的重要意义、道路方向和具体路径做了系统的阐述，把建设海洋强国融入"两个一百年"奋斗目标里，融入实现中华民族伟大复兴"中国梦"的征程之中，提出"建设海洋强国"的"四个转变"要求。2017年10月，习近平总书记在党的十九大报告中进一步强调了要"坚持海陆统筹，加快建设海洋强国"。在"建设海洋强国"战略的指引下，沿海各省市积极落实中央决策部署，纷纷提出了发展海洋经济的相关政策与规划，如浙江、山东、福建、广东等地均提出了"建设海洋强省"的目标。值得一提的是，早在2003年，时任中共浙江省委书记的习近平同志就为浙江省擘画全省持续坚持的"八八战略"之一，即"发挥浙江的山海资源优势，建设海洋经济强省战略"。

"建设海洋强国"战略涉及海洋资源开发利用、海洋经济发展、海洋生态环境保护、海洋科技创新、海洋权益与国家安全维护、海洋文化建设与交流、海洋命运共同体建设等领域。这些领域相互制约，相辅相成；其中海洋经济是核心内容，是"建设海洋强国"战略的关键环节，更是重要驱动力。推进海洋经济的高质量发展，离不开相应的统计调查、核算、评估与监测体系建设。

自2005年以来，浙江工商大学海洋经济统计研究团队一直参与浙江省海洋经济相关主管部门的统计工作，承担过浙江省海洋经济调查、海洋经济评估模型研究及海洋经济监测平台建设等任务，与浙江省海洋技术中心、浙江省海洋科学院有着紧密的科研合作。2019年，浙江工商大学统计与数学学院牵头组织团队，联合浙江省海洋科学院，开展海洋经济统计系列专著的撰写工作。团队选定了海洋经济发展评估、海岛经济发展、海洋工程建设、海洋节能减排、海洋经济监测等多个主题，利用公开的各类海洋经济统计资料，开展了大量的数据收集、统计分析与综合评价等工作。

该系列专著得到了浙江省重点建设高校优势特色学科、统计数据工程技术与应用协同创新中心（浙江省2011协同创新中心）的资助，也得到了浙江省自然资源厅、浙江省统计局、浙江省海洋科学院等单位的指导和支持，还得到了浙江工商大学出版社的配合。我们希望本系列专著的出版，能够展示浙江省海洋经济发展的现状和发展趋势，为海洋经济相关主管部门的政策制定提供基础依据。但由于团队所掌握的统计资料不够全面，研究能力与海洋经济发展的实际需求有一定的脱节，此次出版的系列专著中还存在许多不足和可供进一步讨论的内容，欢迎专家学者们批评指正。

海洋经济发展是一项长期发展的国家战略。我们相信在学术界、实务界的共同推动下，海洋经济统计体系建设必定会取得长足进步，为我国经济高质量发展增添不竭动力。

苏为华

于浙江工商大学

# 摘 要

　　海洋和海岸带是海洋经济的重要载体，是沿海国家和地区社会经济发展的重要空间依托与资源能源保障。合理开发海洋与海岸带资源、科学保护海洋生态环境，不仅能满足人类对食物、能源和生态环境的需求，更可缓解社会经济快速发展所带来的"人—地"矛盾和"经济—生态"矛盾，因此被沿海国家和地区视为关乎生存和可持续发展的重大战略问题。海洋资源的开发与利用需要以海洋工程为依托，在海洋开发迅猛发展的背景下，海洋工程领域正成为全球科学研究与生产开发的热点。浙江省作为海洋大省，从国家层面到地方政府都十分重视海洋经济发展，海洋工程建设开展得亦如火如荼，但发展过程中仍存在诸如局部失衡、产业错配、环境污染等问题，故开展浙江省海洋工程建设现状与评估极具现实意义。

　　基于上述背景，结合《浙江海洋经济发展重大建设项目实施计划》《浙江省海域使用管理公报》《浙江省海洋功能区划（2011—2020年）》《浙江省海洋资源环境发展报告》等资料和历年浙江省各级地方政府的社会经济动态数据，针对浙江省海洋工程项目的基本概况及海洋工程建设、施工、运营和咨询服务等基本信息，海洋工程效益的区域差异测度、海洋工程建设与经济发展之间的协调关系、影响和支撑区域海洋工程发展的因素，以及围填海的综合效益、驱动因素和未来需求等进行分析，以掌握浙江省海洋工程建设、运行和发展趋势，为推动海洋工程与当地经济的协调发展提供决策支持。本书大致分为理论基础篇、发展概况篇、专题研究篇和对策建议篇等四大部分，共计九章内容。

理论基础篇，包括第一章和第二章。主要介绍研究背景、研究意义、研究框架与研究方法；继而阐述海洋工程的基本概念与分类，梳理海洋工程发展所涉及的微观、中观和宏观等理论基础。

发展概况篇，包括第三章和第四章。首先，分析浙江省海洋工程建设的基本情况、相关单位和咨询服务情况、围填海运营情况；进而，从经济效益角度出发，考察浙江省海洋工程项目投资运营情况、围填海工程成本与收益情况，以及浙江海洋工程建设经济效益区域差异情况等。

专题研究篇，包括第五、六、七、八章，以专题的形式分析浙江省海洋工程建设与经济发展的关系，研究浙江省海洋工程发展支撑与协调性，评估浙江省围填海项目综合效益，探讨浙江省围填海建设的影响因素，并对各沿海地市的用海需求进行预测。

对策建议篇，即第九章。在总结前述章节研究结论的基础上，结合浙江省海洋工程建设实际及发展趋势，针对浙江省海洋工程建设中所存在的不足提出相应的改进对策和建议。

本书的写作，旨在通过海洋工程建设相关理论介绍和浙江省海洋工程发展现状及其相关问题研究，为海洋资源开发利用的政策规划管理者、决策者和设计者提供可资参考的经验证据，为我国沿海地区海洋经济的可持续发展和海洋工程建设提供管控措施和方法指引。

# 目 录

第一章 绪论

海洋和海岸带资源是海洋经济的重要载体，是沿海国家和地区社会经济发展的重要空间依托与资源能源保障。合理开发海洋和海岸带资源、科学保护海洋生态环境，不仅能满足沿海国家和地区对食物、能源与生态环境的需求，更可缓解社会经济快速发展所带来的"人—地"矛盾和"经济—生态"矛盾，因此被沿海国家和地区视为关乎生存和可持续发展的重大战略问题。而海洋资源的开发与利用需要以海洋工程为依托，在海洋开发迅猛发展的背景下，海洋工程领域正成为全球科学研究与生产开发的热点。浙江省作为海洋大省，从国家层面到浙江省政府再到地方政府都十分重视海洋经济发展，海洋工程建设进行得亦如火如荼，但发展过程中仍存在诸如局部失衡、产业错配、环境污染等问题，故开展浙江省海洋工程建设现状与评估极具现实意义。本章内容即阐述选题研究背景、研究意义、研究框架及研究方法。

# 第一节 | 研究背景

海洋是生命之源，孕育了生命和人类，为人类的生存与发展提供了物质空间。面对经济的快速发展、人口的急剧膨胀和陆地资源的日益枯竭，走向海洋、经略海洋已经成为众多滨海国家和地区的战略之选。"21世纪是海洋开发的世纪"理念渐成全球共识，加快海洋资源开发利用、提升海洋生态环境保护力度已然成为世界发展的新趋势。

## 一、建设海洋强国是国家战略选择

改革开放40余年来，沿海地区以其独特的区位优势和优越的资源条件，成为我国对外开放的前沿，通过对内陆地区的辐射带动作用，推动着我国的社会经济发展。然而，面对人口日益膨胀、资源逐渐枯竭和生态环境不断恶化的严峻情势，将目光瞄准海洋无疑是我国社会经济发展的必然选择。党的十八大报告中明确提出要"提高海洋资源开发能力，发展海洋经济，保护海洋生态环境，坚决维护国家海洋权益，建设海洋强国"的国家战略，并且党的十九大报告中进一步强调，要"坚持陆海统筹，加快建设海洋强国"，这表明海洋资源的开发利用在党和国家工作大局中的地位被提升到前所未有的高度，海洋经济面临空前的发展机遇，进入快速发展期。"发展海洋经济、建设海洋强国"这一国家重大战略决策必将带动海洋工程的迅速发展，为海洋工程相关产业的发展带来更多机遇。

## 二、国家和地方政府高度重视海洋经济

浙江省作为海洋大省，海域广阔，岸线绵长，岛屿星罗棋布，沿海具有丰富且集中的港口航道，有位于全国前列的海洋渔业资源、丰富多彩的滨海和海岛旅游资源及开发前景良好的东海油气资源，发展海洋经济的优势得天独厚。

自20世纪90年代以来，浙江省海洋经济经过"开发蓝色国土"和"建设海洋经济大省"两个发展阶段，海洋经济综合实力明显提升。进入21世纪，浙江省海洋经济发展面临新的机遇，从国家层面到浙江省政府再到地方政府都十分关注海洋经济发展：2011年2月，国务院正式批复《浙江海洋经济发展示范区规划》，使浙江省海洋经济发展示范区建设上升为国家战略；同年，国家批准设立浙江省舟山群岛新区。2013年1月，《浙江舟山群岛新区发展规划》获得国务院批准，成为我国第一个以海洋经济为主题的国家战略规划。2013年7月，浙江省人民政府办公厅印发《浙江海洋经济发展"822"行动计划（2013—2017）》。2016年4月，浙江省人民政府办公厅发布《浙江省海洋港口发展"十三五"规划》。2020年3月，浙江省发展改革委印发《2020年海洋强省建设重点工作任务清单》，列出113项工作任务，明确了海洋强省建设的总体思路、目标要求和任务举措。

## 三、浙江省海洋经济发展矛盾凸显

一系列政策措施的出台，极大地推动了浙江海洋经济的发展，使得海洋工程建设及相关产业作为海洋经济的重要组成部分也得到了巨大提升。然而，发展过程中的"人—地"矛盾和"经济—生态"矛盾日益突出——一些沿海地区不顾海洋资源、生态、环境等方面的承载力，盲目圈海、竞相填海造陆，无序的海洋开发规划和工程建设导致海洋产业布局失衡、产业错配，

甚至带来环境污染等社会性问题，给浙江海洋经济的可持续健康发展蒙上了阴影。

作为海洋经济的重要依托，浙江海洋工程建设及相关产业发展无疑是海洋经济发展的先导。认清浙江省海洋工程发展现状，分析海洋工程建设与经济发展互动关系，评估围填海工程的综合效益，预测未来海洋经济发展的用海需求，对于促进浙江省海洋经济可持续健康发展意义重大。

## 第二节 | 研究意义

### 一、理论意义

海洋资源的开发利用需要多部门协同，任一海洋资源开发都可形成其产业群，而各产业又相互制约、相互影响。同时，海洋资源的开发利用又离不开海洋工程建设，各种海洋工程活动在对海洋环境和生态系统施加影响的同时，亦受海洋环境和生态系统的制约。海洋资源种类众多，开发难度大，技术要求高，探索性强，这些前提条件共同决定了海洋工程发展理论是内容极其宽泛的跨学科理论课题——不仅涉及人文地理学的人地关系理论，还涉及经济学角度微观层面的企业行为理论、中观层面的产业与区域发展理论，以及宏观层面的可持续发展理论和宏观海洋经济政策等。本书寄望于通过对浙江海洋工程建设现状及其相关问题进行研究，有助于丰富和完善海洋工程发展理论体系，为经济学、人文地理学和生态学等涉及海洋、人类、空间三者关系的相关学科交叉融合提供理论素材，以期为我国海洋工程建设规划布局提供有益的理论指引。

### 二、现实意义

改革开放以来，我国不断对海洋经济和海洋工程发展进行理论研究和实践探索。尤其是党的十八大提出海洋强国战略，标志着我国海洋资源开发利用进入了新阶段，海洋经济与海洋工程建设迎来了巨大发展机遇。面对重大战略机遇，浙江省海洋经济及海洋工程产业都取得了长足发展，但同时我们也应清醒地认识到，海洋经济发展中的"人—地"矛盾和"经济—生态"矛盾日渐突出，海洋工程发展在微观与中观领域仍有一些问题亟待解决。

本书基于浙江海洋经济、海洋工程相关资料和历年浙江省各地市社会经济动态数据，获取浙江省海洋工程项目概况及海洋工程建设、施工、运营和咨询服务等基本信息，开展海洋工程效益区域差异测度，探讨海洋工程建设与经济发展互动关系，分析影响支撑浙江海洋工程发展的因素，评估围填海项目综合效益，预测海洋经济发展的用海需求，这对于掌握浙江省海洋工程建设、运行、布局规律，提高产业集约用海认知，增强海洋工程建设科学发展意识极具现实意义。同时，也为沿海地区引进优质项目、发展优势产业提供参考，对于缓解"人—地"矛盾和"经济—生态"矛盾、推动浙江海洋工程建设与其经济协调健康发展意义重大。

## 第三节 | 研究框架

### 一、研究内容

本书结合《浙江海洋经济发展重大建设项目实施计划》《浙江省海域使用管理公报》《浙江省海洋功能区划（2011—2020年）》《浙江省海洋资源环境发展报告》等资料，以及历年浙江省各级地方政府的社会经济动态数据，针对浙江海洋工程项目的基本概况、规模、布局及海洋工程建设、施工、运营和咨询服务等基本信息，对海洋工程效益的区域差异测度、海洋工程建设与经济发展之间的协调关系、影响和支撑区域海洋工程发展的因素，以及围填海的综合效益、驱动因素和未来需求等进行分析，以掌握浙江省海洋工程建设、运行和发展趋势，为推动海洋工程与当地经济的协调发展提供助力。全书大致包括理论基础篇、发展概况篇、专题研究篇和对策建议篇等四大部分，具体研究内容如下。

◎理论基础篇

第一章：绪论。介绍选题的研究背景和意义，归纳所使用的研究方法，简述主要内容和研究框架。

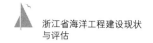
第二章：海洋工程概念与理论基础。介绍海洋工程的基本概念与分类，梳理海洋工程发展所涉及的微观、中观和宏观等理论基础。

◎发展概况篇

第三章：浙江省海洋工程项目建设概况。内容包括分析浙江省海洋工程建设的基本情况、相关单位和咨询服务情况、围填海运营情况及围填用海规模等基本信息。

第四章：浙江省海洋工程建设经济效益及其区域差异。内容涉及浙江省海洋工程项目投资运营分析、围填海工程成本与收益分析，以及浙江省海洋工程建设经济效益区域差异等。

◎专题研究篇

第五章：浙江省海洋工程建设与经济发展关系研究。本章主要研究海洋工程建设与经济发展的关系，包括海洋工程项目建设与经济发展关系分析、海洋工程相关产业对经济发展的贡献度分析、海洋工程建筑业与海洋经济发展关系分析等。

第六章：浙江省海洋工程发展支撑与协调性分析。本章主要探讨浙江省区域经济对海洋工程发展的支撑作用及海洋工程项目布局与海洋工程建设承载力、海洋工程咨询服务的耦合协调性。

第七章：浙江省围填海项目综合效益评估。本章结合浙江省围填海项目的收益状况，运用比率分析法、市场价值法、成果参照法等，对浙江省沿海地市的围填海项目进行综合效益评价，并开展沿海地市综合效益横向对比分析。

第八章：浙江省围填海建设动因分析及需求预测。本章涉及两方面内容：其一，从影响围填海规模扩张的社会经济因素出发，探讨浙江省围填海建设影响因素；其二，运用主成分回归方法来预测浙江省各沿海地市未来5年的围填海需求规模。

◎对策建议篇

第九章：研究总结与对策建议。本章在总结前述章节研究结论的基础上，结合浙江省海洋工程建设实际及发展趋势，针对浙江省海洋工程建设中所存在的不足提出相应的改进对策和建议。

## 二、研究框架

根据上述内容安排，本书的研究框架如图1.1所示。

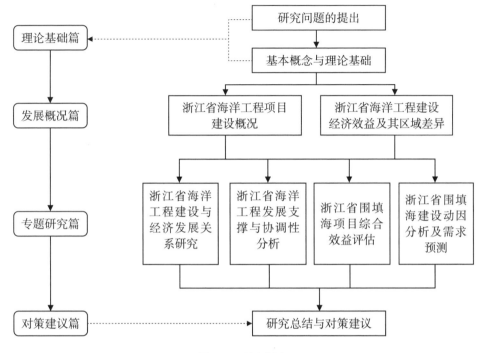

图1.1　研究框架

# 第四节｜研究方法

## 一、定量分析法与定性分析法

定量分析法是针对事物"数量"方面进行分析的一种方法，目的在于揭示和描述事物的相互作用与发展规律。定量分析主要考察事物的发展水平、比例结构及程度等数量特征、不同变量间数量关系，以及数量特征和数量关系的变化。与之相对的，定性分析法则是针对事物"质"的方面加以研究的一种方法，往往通过归纳与演绎、分析与综合、抽象与概括的方法进行思维加工，以获得对事物性质及其影响因素的认知。其中，定性分析是定量分析的前提，两者的综合运用方能加深对事物本质发展规律的认识。

## 二、实证分析法与规范分析

简而言之，实证分析法就是分析事物"是什么""为什么"及"会怎样"的研究方法。该方法超越价值判断，用以分析事物如何运行，事物的发展变化过程及其未来的发展趋势，主要目的是确认事实、弄清事物发展因果，而不考虑事物运行是否可行、发展结果是否合理等。实证分析法在运用过程中，通常以一定的前提假设和相关变量的因果关系为依据，通过对所研究的事物发展事实进行描述、解释和说明，对未来的发展趋势进行预测，所得出的结论及其检验标准往往是客观事实。（廖民生，2019）相较而言，规范分析则侧重逻辑推理和论述事物发展道理，对事物发展运行"应该是怎样"进行研究，涉及是非曲直的价值判断。

## 三、对比分析法

对比分析法，又称比较分析法，是通过对客观事物进行比较和判别，从而达到认识事物发展的本质规律、做出客观评判的目的。对比分析法根据比较对象所处时间的不同，可以分为横向对比分析与纵向对比分析。横向对比分析是对同一时期的事物进行比较，既可以在同类事物内部不同部分之间进行比较，亦可在不同类别事物间进行比较，通过对事物差异的对比分析，进而考察导致这种差异的原因；纵向对比分析则针对同一事物在不同时期的特点进行比较分析，用以揭示事物的变化规律。

## 四、静态分析法和动态分析法

静态分析法通过抽象时间因素和事物变化过程，试图从时间静止角度分析问题。该方法主要用以说明事物发展的均衡状态及达到均衡状态所需的条件，忽略了达到均衡状态的过程及所需要的时间。当条件发生变化时，均衡状态便会发生改变，从一种状态转化为另一种状态。若只关注前后两个均衡状态的比较，却不考虑从一个均衡状态到另一个均衡状态的转移过程及其中的时滞，则被称为比较静态分析。与静态分析方法不同，动态分析方法是对事物变化的数量特征进行研究，往往在分析事物从前到后的变化和动态调整过程中引进时间因素，从时间变动角度考察事物的发展规律性。

第二章

海洋工程概念
与理论基础

在陆地各种资源供需矛盾越来越突出、生态环境日趋恶化的情势下，合理开发海洋资源、保护海洋生态环境已经成为人类可持续发展的根本出路。海洋资源的开发利用需要以海洋工程为依托，而海洋工程的发展同时又关系到海洋环境保护和国土主权安全等诸多方面。因此，随着海洋资源开发利用的迅猛发展，海洋工程领域正成为各国科学研究的热点之一。本章介绍海洋工程概念及相关理论，主要涉及海洋工程的概念与分类，以及海洋工程发展所涉及的微观、中观和宏观等理论基础。

# 第一节｜海洋工程概念与分类

## 一、海洋工程概念

所谓海洋工程，是指人类在开发利用海洋资源、抵御海洋灾害侵袭，以及保护和恢复海洋生态环境过程中所开展的一切建设工程的总称。此类工程主体一般位于海岸线向海一侧，包含所有新建、改建及扩建的工程。

人们通过海洋工程从海洋中获取所需要的资源（物质的和非物质的）以实现可持续发展。在开发利用海洋资源的过程中，形成了各式各样的海洋工程，具体包括：海港建设、围填海、海上堤坝、海上城市、人工岛屿、海上和海底物资储藏设施工程，海底隧道、海底管道、跨海桥梁、海底线缆工程，海水养殖场、人工鱼礁工程，海洋矿产开采工程，海上潮汐电站等海域能源开发工程，海上娱乐及运动、景观开发工程，以及海洋环境保护工程等。（侍茂崇，2018）

## 二、海洋工程类型

海洋工程类型往往根据其所涉及的开发内容和所处的开发海域位置、水深等进行划分。具体包括以下几类。

（一）按开发内容来划分

1. 海洋资源勘探开发工程

海洋资源勘探开发工程主要包括海洋矿产资源（油气、锰结核、煤矿等）、生物资源（渔业资源）、海水资源（盐田、海水淡化等）、海洋能源（波浪发电、潮沙发电、盐差发电和温差发电等）、旅游资源（海上娱乐设施和滨海景观）等资源的勘探、开发和利用。

### 2. 海洋空间利用工程

海洋空间利用工程主要包括海岸围填、沿海滩涂利用、人工岛屿、海上城市、海洋物资储藏、海上工厂和海上军事基地等工程。

### 3. 海上综合传输工程

海上综合传输工程主要包括海港建设、海上机场、跨海路桥、海底隧道、海底管道、海底光缆和海底电缆工程等。

### 4. 海岸防护工程

海岸防护工程主要包括防潮大堤、浅水堤坝、护岸、湿地保护和海洋污染防治工程等。

### （二）按所处海域位置及水深来划分

根据海洋工程所处的海域位置及其水深状况，可分为海岸工程、近海工程及深海工程3种类型，但三者之间又有所重叠。

### 1. 海岸工程

海洋工程的发展始于人类对海岸带的开发。海岸带属于海洋系统与陆地系统连接、复合与交叉的空间范畴，是海岸动力与海岸陆域相互作用的独立环境体，是地球表面资源环境最优越的区域，与人类的生存和发展关系也最密切。海岸工程是指为了开发海岸带资源、能源等和利用海岸空间而建造的一切工程设施。其内容主要包括：围填海工程、海港工程、海上疏浚工程、海岸渔业工程、海岸防护工程、岸滩保护工程、沿海海洋能源利用工程，以及海岸带一定范围内的沿海海上平台建设工程等。

人类对海岸带的建设和改造最早可追溯至公元前几个世纪，如：我国早在公元前2世纪就在东南沿海兴建海塘；荷兰在中世纪初期也已开始围垦滩涂，建造海堤与海争地。（梁其荀，1986）尔后，随着航海业的发展和沿海生产建设的需要，海港建设、海岸防护等海岸工程都得到了长足的发展。但"海岸工程"这一术语直至20世纪50年代才首次出现。在海洋工程建设的推动下，随着海岸动力学、海洋工程水文学和海岸动力地貌学等有关学科的形

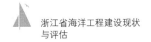
成与发展，海岸工程学也逐渐成为一门系统的技术科学。（侍茂崇，2018）

2. 近海工程

近海工程，亦称离岸工程，主要指针对大陆架水域的海洋油气、矿产资源及海域空间资源的开发利用等相关工程。近海工程对人类食物的充实、能源和矿产资源的补充，以及社会经济的发展与环境的改善等，都发挥着不可替代的作用。

20世纪后半叶以来，全球人口膨胀和世界经济迅猛发展，导致人类社会对食物和能源的需求急剧增长，陆域食物和能源的供给及矿产资源的开采已不能满足社会需求。此时，大陆架海域的石油、天然气等矿产资源，海洋渔业资源的开发及海域空间的利用，为人类提供了食物和能源来源的新渠道，与之相应的近海工程也得以快速发展。近海工程发展的主要标志是勘探与开采石油（天然气）的海上钻井平台的出现，因此作业区域也由水深10米以内的近岸扩展至水深200米的大陆架。

3. 深海工程

近年来，除大陆架的油气资源开采外，深海矿物资源的开采也日益受到世界各国尤其是发达工业国家的重视，海底采矿也随之由近岸浅海向较深的海域发展。深海矿物资源中最引人注目的是大洋锰结核与热液矿床。在深水海域开发这些资源不仅存在开采风险高、代价大等问题，也还有许多亟待攻克的技术难题。

目前，人类已经实现在1000多米水深的海域钻井开采石油，在4000多米水深的洋底采集锰结核，在6000多米水深的大洋进行海底矿物勘探。同时，海洋深潜技术的快速发展已使得载人潜水器下潜深度达到10000米以上。深海技术装备的发展，为深海水域的深海工程提供了技术和物质支撑，使得海洋工程的布局空间大大扩张，远远超出海岸工程和近海工程的范围。

# 第二节｜海洋工程发展相关理论介绍

海洋工程发展作为海洋经济的重要内容之一，必然受到海洋经济学理论的指导和制约。本节基于海洋经济学视角，阐释海洋工程发展的相关理论基础——从微观企业行为理论角度，论述海洋工程及相关行业的企业微观经济主体的行为规律及其交互特征；从中观产业与区域发展理论角度，论述海洋工程发展所呈现的产业形态和空间布局；从宏观可持续发展理论及海洋经济发展政策角度，分析海洋工程建设的政策模式与聚合特征。

## 一、微观：企业行为相关理论

（一）市场供求理论

1. 供求规律

需求是指在某一时间内和一定的价格水平下，消费者愿意并可能购买的商品或服务的数量。需求是需求欲望和需求能力的统一。供给是指在一定时期内和一定的价格水平下，生产者愿意并可能为市场提供产品或服务的数量。（高鸿业，2018）

作为海洋经济活动的参与者，海洋工程及相关行业的企业，也同样通过价格机制来传递经济信息，从而实现资源的有效配置。价格在消费者与厂商相互作用下形成，产品的生产价格或内在价值决定价格——内在价值是价格变动的基础，是价格波动的中心；价格的变动影响着市场上消费者的需求和生产者的供给，供求关系又会对价格产生影响。短期来看，价格围绕价值波动调整着居民的消费行为，而对生产者的影响较小；长期来看，生产者对于价格的反应表现为供给量的变动，价格机制调整着生产要素的流入或流出。

2. 需求及其影响因素

消费者对于海洋工程所涉及的商品或服务的需求受下列因素影响。

（1）商品或服务的价格。消费者对于某商品或服务的需求会随商品或服务价格的提高而减少，随商品或服务价格的下降而增加，价格与需求量呈反方向变动关系。

（2）消费者偏好。商品的需求量与消费者的偏好直接相关，会随偏好的增强而增加，随偏好的减弱而减少，消费者偏好与商品的需求呈同方向变化。

（3）消费者收入。在其他条件不变的情况下，对商品的需求会随着消费者收入的增加而增加，会随着消费者收入的减少而减少，商品需求量与消费者收入呈同方向变动。

（4）对商品或服务价格的预期。消费者若判断商品或服务的价格未来会上涨，便会增加对该商品或服务的需求；若判断其价格未来会下降，则会减少对该商品或服务的需求。需求量与消费者对商品或服务价格的预期呈同方向变动。

（5）相关商品或服务的价格。相关商品或服务的价格也会影响商品的需求量，商品或服务的替代品价格与其需求呈同方向变动，而互补品价格与其需求呈反方向变动。

3. 供给及其影响因素

海洋工程及相关产业企业对有关商品或服务的供给受下列因素影响。

（1）产品价格。商品或服务的供给会随其价格的升高而增加，随其价格的降低而减少，商品或服务的供给量与其价格呈同方向变动。

（2）生产技术。生产技术进步或革新有助于生产成本的降低，推动厂商增加商品或服务的供给。

（3）生产成本。在其他条件不变的情况下，厂商对商品或服务的供给会随商品或服务成本的提高而减少，会随商品或服务成本的降低而增加，商品或服务的供给与生产成本呈反方向变化。

（4）对商品或服务价格的预期。如果厂商预期某商品或服务的价格会上升，则会增加其供给量；若预期该商品或服务的价格会下降，则会减少其供给量。

（5）相关商品或服务的价格。替代品价格的升高会增加某商品或服务的供给量，互补品价格的升高则会减少某商品或服务的供给量。

（二）区位理论

区位理论是经济地理学及区域经济学的核心基础理论之一，用以解释人类经济活动的空间分布规律。在经济空间中，各区位所处的地位不同，其区位因素各异，从而其市场、成本、技术、资源的约束也不同，各决策主体根据自身的需要和相应的约束条件选择最佳的区位，即决策主体的区位选择过程。自杜能于1826年建立农业区位理论以来，区位理论大体经历了新古典区位理论、行为主义区位理论、结构主义区位理论和以克鲁格曼为代表的不完全竞争市场区位理论等4个阶段。（田凤岐，2006；狄乾斌，2007；李永霞等，2009）

1. 新古典区位理论

新古典区位理论形成于19世纪20年代，其特征是以新古典经济学的完全竞争市场结构、规模报酬不变、完全理性、利润最大化等作为假设条件，来研究企业区位决策和产业空间的配置问题。早期，德国经济学家阿尔弗雷德·韦伯在其代表作《工业区位论》中指出，影响企业区位选择的最基本因素就是成本因素，主要包含运输成本和劳动成本2项。随着资本主义社会经济的发展，以利润最大化为原则的区位选择理论成为主流，代表性研究成果如克里斯塔勒于1933年提出的"中心地理论"，该理论系统地探讨了商业区位的选择。（许学强等，2009）艾萨德（1960）把古典区位理论中的单个厂商的最佳区位模型扩展成为集合生产、商业流通、运输、政府、环境生态等多因素的区位综合模型，指出最大化利润原则是产业配置的基本原则。

2. 行为主义区位理论

20世纪60年代兴起的行为主义区位理论认为，区位的地理特征会导致信息在空间上的不对称，同时经济人在很多情况下做出的决策并不是完全理性的。区位选择受到决策者的思维、价值观、意志、能力、知识、观察力及对信息收集分析评价所付出的精力等因素的影响。因此，区位理论应充分考虑决策者在区位选择中的重要作用。其代表性成果如：戴伊认为，有限理性具有不完全信息、有限预测、有限认知、动态偏好等特征，经济主体会在非完全竞争、非完全信息条件下做出区位选择；格林赫特则更加强调个人因素在区位选择中的重要性，认为影响区位选择的因素不仅应包括成本、需求、收益因素，还应包括决策者的个人成本、个人收益等。（付晓东，2013）

### 3. 结构主义区位理论

20世纪70年代，结构主义区位理论将区位理论的发展又向前推进了一步，将社会系统和社会结构也纳入区位因素范围。结构主义区位理论强调区位是经济结构的产物，区位选择不能脱离社会环境。麻斯是结构主义区位理论的代表人物，其特别强调社会与空间区位的关系，认为空间配置与区位选择都离不开社会作用，企业区位选择在很大程度上是由资本主义市场经济结构决定的。（邓延平，2015）瓦伦斯泰因、默德尔斯克、布劳戴尔等学者认为，产业区位的变动是世界资本主义体系的副产品。企业区位不是由企业或区域内部因素决定的，而是由世界资本主义市场的经济结构决定的。

### 4. 不完全竞争市场区位理论

20世纪90年代，以克鲁格曼和藤田为代表的经济学家突破了长期困扰经济学家的完全竞争市场和规模保持不变的假定，利用迪克斯特与斯蒂格利茨建立的垄断竞争模型，并借助萨尔森的"冰山运输成本"理论及博弈论和计算机技术等分析工具，建立了以不完全竞争市场为特征的区位理论。（藤田等，2001）

由于海洋环境的特殊性和复杂性，海洋工程对海洋资源环境、开发技术等方面的依赖性非常高，同时海洋工程耗资巨大，因而海洋工程企业区位选择受市场和政策等各方面因素的影响都较大。关注海洋工程企业空间格局形态与演进轨迹，挖掘其区位选择的影响因素，能够为海洋工程发展的政策制定提供依据，从而推进海洋强国的建设进程与海洋新旧动能的转换升级。

## 二、中观：产业与区域发展相关理论

经济学中分析现实问题的一个重要方向就是产业经济学，研究对象就是产业，主要探讨产业发展规律、不同产业之间的结构关系、产业空间区域分布和产业内企业组织变化等，研究这些规律的应用产业经济理论的目的是更好地推动产业发展，为国家战略的制定提供理论依据。对一个产业的分析也应该从产业的关联度入手，分析区域空间组织布局，以达到区域内经济平衡发展。20世纪50年代，区域经济学的相关研究在国外兴起。我国对于区域经济的研究起步较晚，始于20世纪80年代，目前区域经济学理论较为成熟，形

成了较为完整的理论体系，并在实践中被不断应用。（李彬，2011）

（一）产业关联理论

产业关联是指以产业间的各种投入品和产出品为连接纽带的技术经济联系。产业之间产生关联的原因是不同产业系统之间产品的差异能够满足人类不同的需求，各个产业和产业的各个层次之间都存在着前向、后向或者旁侧的联系，互为因果、互为市场。研究产业之间的相互关系效应、产业之间的投入产出情况，主要运用里昂惕夫投入产出计算方法。产业之间的相互关系包括各个产业之间的投入来源和产出需求、产业发展中对本产业的依赖和对其他产业的依赖，分析产业发展对其他产业的影响，对区域经济发展和国民经济发展的作用。（廖民生，2019）产业关联存在于产业间的本身关联，也存在着人为的关联，即人类在遵循经济规律的前提下，创造各类产业之间的联系以追求产业更快、更优、更持久的发展。

海洋产业间的产业关联存在着错综复杂的产业关联类型，其基础原因是海洋产业的生产要素存在着共同性和流动性。生产要素是产业发展的重要载体，是产业关联产生的物质能量基础。生产要素包括资源、资金、人力、技术、信息等，生产要素的共同性是产业存在关联的基础，而流动性则是产业实现良性循环发展的根本原因。海洋产业的生产要素在海洋产业及海陆地域之间的流动使潜在资源流动起来，找到了向产业转化的出路，从而使经济更好地发展。随着21世纪科学技术的高速发展、生产力的飞速进步、全球一体化程度的加深，生产要素的共同性和流动性更加快速地促进了产业的循环发展。（吴雨霏，2012）

（二）空间组织理论

区域空间组织的变迁反映了区域经济发展水平的变化。区域组织变迁对区域经济发展的趋异或趋同也会产生重要影响。20世纪70年代，沃纳·松巴特提出了增长轴理论，其主要观点是：公路铁路等新的交通干线的建立形成了新的区位条件，降低了运输成本，从而促进了劳动力资源的流动，降低了企业的生产成本，为经济的发展营造了良好的环境，使得人口不断向新的有利区位聚集，形成"增长轴"。

改革开放以后，国内学者陆大道（2001，2002）丰富了区域空间组织理论。他提出"点轴系统"理论，这一理论的主要观点是：区域经济发展中的经济客体在区域内的相互作用分为趋同倾向和扩散倾向，趋同过程中生产要素在地理空间点上形成集聚，并将不同的点连在一起形成轴，这种经济发展的轴一般靠近交通干线等基础设施。"点轴系统"战略的制定，对未来区域经济发展能产生重大影响，交通干线往往是未来产业带发展的依托，在发展的产业带中确定发展的中心点，从而布局整个产业带内的产业层次和结构。

空间作为社会经济活动的载体，是海洋产业——包括海洋工程及相关产业——社会化分工形成的根本保证，经济活动空间相互作用的广度与深度是影响区位选择的重要因素之一。海洋经济活动主体对降低运输成本和交易成本的追求，促使生产经营活动和要素在一定空间地域集聚，从而形成海洋经济增长极，并在极化效应的作用下，对邻近地区产生辐射效应，逐渐形成以城市为极化中心的区域海洋经济体系，低层次的区域系统镶嵌到高层次的区域系统中，最终形成不同海洋产业在不同层次地域空间分布的产业布局体系。（黄英明，2019）

（三）平衡发展理论

平衡发展理论是以哈罗德—多马新古典经济增长模型为理论基础发展起来的。其中又有 2 种代表性理论，即罗森斯坦—罗丹的大推进理论和纳克斯的平衡发展理论。大推进理论的核心是外部经济效果，即通过对相互补充的部门同时进行投资，一方面可以创造出互为需求的市场以解决因市场需求不足而阻碍经济发展的问题，另一方面可以降低生产成本，增加利润，提高储蓄率，进一步扩大投资，消除供给不足的瓶颈。（王明舜，2009）平衡发展理论强调产业间和地区间的关联互补性，主张在各产业、各地区之间均衡部署生产力，以实现产业和区域经济的协调发展。这一理论主张区域内经济平衡发展，即在不同的区域布局相等的生产力，实现区域经济的平衡发展和各个地点的经济同步增长。同步增长的理论依据有以下 2 点。一是不同地区间的生产要素能够互补，各地区在资金、技术和资源等方面的水平不同，因此在经济发展过程中具有不同的分工。二是资本的投资需要动机支配，资本的供给受到储蓄的意愿支配，在不发达地区，储蓄的意愿和投资的意愿相对较小，使得该地区长期落后于发达地区，这就容易形成恶性循环。在各地区均

衡投资能够打破恶性循环，满足各个地点均衡发展的要求，实现区域经济的稳定发展。（廖民生，2019）

## 三、宏观：可持续发展理论与海洋经济发展政策

### （一）海洋经济可持续发展理论

海洋经济可持续发展是协调"人—社会—自然—海洋"之间高水平、高质量、相互协调发展的系统，其通过协调人与自然、人类与社会、经济与环境及现实与未来的关系，旨在让人类对自身发展问题有更加理性的认识。

#### 1. 可持续发展的概念

可持续发展是在保证社会和经济系统正常运行的前提下，以寻求经济与环境生态之间的动态平衡。雷德利夫特（1987）指出，当人类的社会和经济行为带来的环境污染使生态差异量和种类数量减少，生态环境质量下降时，社会生产和经济系统在遭受生态环境和其他条件恶化的影响下，其恢复性就低。长期而言，社会、经济和生态系统就难以保持持续性的发展。因此，可持续发展的本质在于维持社会生产与经济系统的可恢复性，即寻求社会和经济系统与生态环境系统之间的动态平衡。一些学者将可持续发展明确定义为"保护和加强环境系统的生产和更新能力"，即可持续发展是不超越环境系统再生能力的发展，是寻求一种最佳的生态系统以支持生态的完整性和人类愿望的实现，使人类的生存环境得以维持。（范柏乃等，1998）

#### 2. 海洋经济可持续发展的概念与内涵

在可持续发展概念的基础上，学者逐渐引申出经济可持续发展、生态可持续发展与社会可持续发展等分支。海洋经济作为宏观经济的重要内容，也相应地引出海洋经济可持续发展的概念。结合雷德利夫特（1987）的观点，海洋经济可持续发展的目的也是在保证社会和经济系统正常运行的前提下，通过维持社会生产与经济运行的可恢复性，寻求社会和经济系统与生态环境系统之间的动态平衡。

基于海洋经济可持续发展的概念，海洋经济可持续发展有 3 层核心内涵：其一，海洋生态的可持续；其二，海洋经济的可持续；其三，社会发展的可持续。其中，海洋生态的可持续是发展的基础，海洋经济的可持续是发

展的动力，而社会发展的可持续则是发展的目的。

海洋生态系统的可持续性是海洋经济可持续发展的基础，主要体现在海洋生态过程的可持续与海洋资源的永续利用2个方面。海洋生态过程的可持续性表现在时间和空间上；海洋生态系统构造完整，功能齐全，既包括海洋生态中各种元素和资源的数量及在时间和空间上的分布，又包括各个子系统之间正常的互相依存和影响的过程，如物质、物理、化学和生物间的交互作用和环境条件。人类对海洋资源过多的需求和海洋资源的有限供给之间形成尖锐的矛盾，海洋资源的多用途使不同使用者之间的竞争加剧。人类利用海洋资源的观念、方式和方法直接关系到海洋资源是否可持续利用。

海洋经济的可持续性是实现可持续发展的动力，主要表现在以下2个方面。一是海洋经济发展的协同性，这是指自然社会系统内人与人之间、人与自然之间的相互扶持。在社会系统内，协同性代表了个体的活动之间的协调，并形成对一个整体的支持。二是海洋经济发展的生态高效性，包括高生产活动效率和高资源利用率，即在生态系统的整体性允许的界限内，以尽可能低的生态代价产生尽可能多的效益，达到在时空上对资源的最大利用。

社会发展的可持续性是可持续发展的目的所在。社会是由个体组成的，可持续发展是以当代人的需要和后代人的需要来定义的，所以社会可持续发展的关键是人的问题。首先，人口数量的急剧增长，使消费量随之增加，可能超过生态系统的生产能力；其次，还会污染环境，造成生态环境的退化；然后，过度的消费也会导致生态系统遭到破坏，因此在满足当代人需求时，要考虑后代人的需要；最后，公平性。公平是反映人与人之间相互关系的概念，它包括每个社会成员的人身平等、地位平等、权力平等、机会均等、分配公平，其中权力又包括生存权、发展权等。这里所说的对海洋资源利用的公平，既要体现在当代人之间，还要体现在世代之间。

3. 海洋经济可持续发展的影响因素

（1）海洋经济因素。海洋经济的开发建立在海洋活动充分开展的基础上，然而在近代海洋经济的快速发展过程中，人类忽略了对海洋资源的节约利用和海洋生态环境的保护，人类过度地消耗海洋资源带来经济快速发展的同时，也带来了一系列的严重后果，如环境污染、物种减少、资源耗竭等。

海洋经济的发展使得人们认识到可持续发展的重要性，因此人们必须建立有利于海洋经济可持续发展的体制，转变海洋经济的发展方式，制定合理的海洋政策。（李双建等，2014）

（2）人口发展因素。人的生存和发展依赖于海洋，也影响着海洋。经济的发展集聚了人才、资本、信息和技术等要素，而这些要素水平的高低直接关系到沿海地区海洋经济发展水平的广度和深度。随着人口规模的不断增长，人口发展与海洋经济之间的矛盾也日益凸显。在陆海一体化进程中，海洋经济发展不可避免地造成海洋资源与环境的高速且非高效的消耗，归根结底是人类活动造成的；同时，人口的快速发展也会增加陆源污染物入海量，使得海洋污染加重，沿海湿地生态破坏、海洋承载力降低。（狄乾斌等，2019）从可持续发展的角度出发，重视人口与海洋经济协调发展是追求海洋经济优质高速发展的必然选择。

（3）海洋环境因素。海洋资源生存或存在的环境即海洋环境。海洋环境是海洋资源产生与存在的客观条件，是人类开展海洋开发活动的基础前提。海洋环境的发展有其客观规律，海洋资源开发利用过程中出现的各种有利于或不利于海洋经济可持续发展的现象，都会受到其客观规律的制约。（胡麦秀，2012）这就需要人们清醒地认识到对海洋资源的开发，不应仅仅为了人类的生存和发展，同时也应注重对海洋环境的保护——合理地开发海洋资源，构筑人与海洋和谐发展的关系，方能实现人类海洋活动的可持续发展。

（4）海洋科技因素。由于海洋资源、海洋能源和海洋空间存在多样性，海洋开发环境复杂、开发难度大，从而决定了海洋开发的技术性高。一方面，科学技术的发展提高了海洋资源的利用效率，节约了海洋资源；同时海洋污染治理水平的提高，使得海洋环境得到了一定的改善。另一方面，在海洋开发利用过程中，科学技术的进步大大提升了人类对海洋资源的开发能力，而海洋资源的过度开采可能导致海洋资源趋于耗竭、环境被破坏。这就要求我们在海洋资源开发过程中，通过更多的海洋科技活动的投入，以取得更高的海洋开发产出比，进而促进社会、经济、科技全面发展。（刘明，2015）

（二）国家海洋经济政策及海洋工程相关内容

党的十八大报告中明确指出，要"提高海洋资源开发能力，发展海洋经济,保护海洋生态环境,坚决维护国家海洋权益,建设海洋强国"。面对陆地资源紧缺、环境恶化的问题,在认识海洋的基础上合理利用海洋资源并注重海洋环境保护显得尤为重要。我国有关海洋工程的政策措施也围绕着开发、利用、保护和恢复海洋资源等方面展开。

2003年,国务院发布《全国海洋经济发展规划纲要》,认为我国是海洋大国,管辖海域广阔,海洋资源可开发利用的潜力巨大,并对海洋工程装备重点开发领域做出指示。为加大海洋科技成果转换力度,2008年,国家海洋局印发了《全国科技兴海规划纲要(2008—2015年)》,表明要实施科技兴海专项示范工程,带动沿海地区科技兴海工作全面发展,促进海洋经济向又好又快发展方式转变。随后,《国家"十一五"海洋科学和技术发展规划纲要》和《海洋工程装备产业创新发展战略(2011—2020)》等政策文件发布,均强调要加强海洋工程技术创新能力建设,加大科研开发投入力度,更高效地利用海洋资源。针对海洋环境资源的保护和恢复问题,2013年国务院印发了《关于促进海洋渔业持续健康发展的若干意见》,开始要求在海洋工程建设过程中,加强渔业水域生态环境损害评估和生物多样性影响评价,完善和落实好补救措施。2015年,国务院发布《全国海洋主题功能区规划》,旨在科学合理地谋划海洋开发,统筹规划海洋工程开发,特别是对重大海洋工程进行环境监督。2017年,《中华人民共和国海洋环境保护法(2017修正)》明确指出,海洋工程建设项目必须符合全国海洋主体功能区规划、海洋功能区划、海洋环境保护规划和国家有关环境保护的标准。我国海洋经济发展部分政策文件及相关海洋工程建设内容或目标如表2.1所示。

表2.1 我国海洋经济发展部分政策文件及相关海洋工程建设内容或目标

| 发布年份(年) | 政策文件 | 相关内容或目标 |
|---|---|---|
| 2003 | 《全国海洋经济发展规划纲要》 | 海洋工程装备制造要重点发展海洋钻井平台、移动式多功能修井平台、海洋平台生产和生活模块、从浅海到深水区导管架和采油气综合模块、大型工程船舶、浮式储油生产轮;建设一批海洋生态监测站;开展海洋生态保护及开发利用示范工程建设 |

续　表

| 发布年份(年) | 政策文件 | 相关内容或目标 |
|---|---|---|
| 2008 | 《全国科技兴海规划纲要(2008—2015年)》 | 按照科技兴海的总体目标和海洋产业的发展需求,通过多种投资方式和强化投入,实施科技兴海专项示范工程,带动沿海地区科技兴海工作全面发展,促进海洋经济向又好又快发展方式转变 |
| 2009 | 《国家"十一五"海洋科学和技术发展规划纲要》 | 重点开发近海海域油气勘探技术、海洋油气藏描述技术、采收率提高关键技术、边际油气田开采技术和海上油气田工程安全保障技术;开发大生活用海水利用技术和海水预处理技术,建立示范工程;重点发展海上油气田新型开发平台、浮式生产系统设计与制造、油气高效储运装备和海底管道智能综合探测技术、开发海上大型浮式结构物关键技术;重点开发海上重大交通运输基础设施建设、养护和装备制造等技术 |
| 2011 | 《海洋工程装备产业创新发展战略(2011—2020)》 | 增强海洋工程装备产业的创新能力和国际竞争力,推动海洋资源开发和海洋工程装备产业创新、持续、协调发展;充分利用我国船舶工业和石油装备制造业已经形成的较为完备的技术体系、制造体系和配套供应体系,抓住全球海洋资源勘探开发日益增长的装备需求契机,加强技术创新能力建设,加大科研开发投入力度,大幅度提升管理水平,实现我国海洋工程装备产业跨越发展 |
| 2012 | 《全国海洋功能区划(2011—2020年)》 | 合理控制围填海规模,严格实施围填海年度计划制度,遏制围填海增长过快的趋势,围填海控制面积符合国民经济宏观调控总体要求和海洋生态环境承载能力;加强海洋开发项目的全过程环境保护监管和海洋环境执法,完善海洋工程实时监控系统,建立健全用海工程项目施工与运营期的跟踪监测和后评估制度 |
| 2012 | 《全国海洋经济发展"十二五"规划》 | 不断提高船舶自主设计制造能力,重点开发海洋工程装备及关键配套系统,加快建设长兴岛海洋工程装备制造基地;推进海洋可再生能源开发,重点建设东海大桥、临港新城和奉贤海上风电场;加强长江口和近海海域污染综合治理及生态保护,完善区域污染联防机制,推进区域环境保护基础设施共建、信息共享和污染综合整治 |

续　表

| 发布年份(年) | 政策文件 | 相关内容或目标 |
|---|---|---|
| 2012 | 《海洋工程装备制造业中长期发展规划》 | 面向国内外海洋资源开发的重大需求,重点突破深海装备的关键技术,大力发展以海洋油气开发装备为代表的海洋矿产资源开发装备,加快推进以海洋风能工程装备为代表的海洋可再生能源开发装备、以海水淡化和综合利用装备为代表的海洋化学资源开发装备的产业化,积极培育潮流能、波浪能、天然气水合物、海底金属矿产、海洋生物质资源开发利用装备等相关产业,加快提升产业规模和技术水平,完善产业链,促进我国海洋工程装备制造业快速健康发展 |
| 2013 | 《促进海洋渔业持续健康发展的若干意见》 | 严格控制围填海工程建设,强化海上石油勘探开发等项目管理,加强渔业水域生态环境损害评估和生物多样性影响评价,完善和落实好补救措施;加大国家固定资产投资对海洋渔业的支持,加快渔政、渔港、水生生物自然保护区和水产种质资源保护区等基础设施建设,继续支持海洋渔船升级改造、水产原良种工程和水生生物疫病防控体系建设 |
| 2014 | 《海洋工程装备(平台类)行业规范条件》 | 加强海洋工程装备行业管理,大力培育战略性新兴产业,加快结构调整,促进转型升级,引导海洋工程装备生产企业持续健康发展 |
| 2015 | 《全国海洋主体功能区规划》 | 实施据点式集约开发,严格控制开发活动规模和范围,形成现代海洋产业集群;实施围填海总量控制,科学选择围填海位置和方式,严格围填海监管;统筹规划港口、桥梁、隧道及其配套设施等海洋工程建设,形成陆海协调、安全高效的基础设施网络;加强对重大海洋工程,特别是围填海项目的环境影响评价,对临港工业集中区和重大海洋工程施工过程实施严格的环境监控 |
| 2015 | 《中国制造2025》 | 大力发展深海探测、资源开发利用、海上作业保障装备及其关键系统和专用设备。推动深海空间站、大型浮式结构物的开发和工程化。形成海洋工程装备综合试验、检测与鉴定能力,提高海洋开发利用水平。突破豪华邮轮设计建造技术,全面提升液化天然气船等高技术船舶国际竞争力,掌握重点配套设备集成化、智能化、模块化设计制造核心技术 |
| 2017 | 《中华人民共和国海洋环境保护法(2017修正)》 | 海洋工程建设项目必须符合全国海洋主体功能区规划、海洋功能区划、海洋环境保护规划和国家有关环境保护标准。海洋工程建设项目单位应当对海洋环境进行科学调查,编制海洋环境影响报告书(表),并在建设项目开工前,报海洋行政主管部门审查批准 |

**续　表**

| 发布年份(年) | 政策文件 | 相关内容或目标 |
|---|---|---|
| 2017 | 《海洋工程装备制造业持续健康发展行动计划(2017—2020年)》 | 到2020年,我国海洋工程装备制造业国际竞争力和持续发展能力明显提升,产业体系进一步完善,专用化、系列化、信息化、智能化程度不断加强,产品结构迈向中高端,力争步入海洋工程装备总装制造先进国家行列 |
| 2018 | 《防治海洋工程建设项目污染损害海洋环境管理条例(2018修订)》 | 防治和减轻海洋工程建设项目污染损害海洋环境,维护海洋生态平衡,保护海洋资源。海洋工程的选址和建设应当符合海洋功能区划、海洋环境保护规划和国家有关环境保护标准,不得影响海洋功能区的环境质量或者损害相邻海域的功能 |

（三）浙江省海洋经济政策及海洋工程相关内容

浙江省海洋产业基础扎实,在发展过程中一直强调海洋工程建设的重要地位。交通、水利、能源、信息基础设施等海洋工程建设是海洋产业发展和海洋经济繁荣的前提和保障。1994年8月,浙江省人民政府印发《浙江省海洋开发规划纲要（1993—2010）》,对海洋工程中的交通、蓄供水设施、电力、邮电通信等建设工程做出部署。2005年4月,浙江省人民政府印发《浙江海洋经济强省建设规划纲要》,再次对交通、水利、能源、信息基础设施等海洋工程建设做进一步规划。2013年4月,浙江省人民政府办公厅印发《浙江舟山群岛新区建设三年（2013—2015）行动计划》,对舟山地区的海洋综合交通、能源、水利围垦及信息设施等项目工程进行策划。

海洋工程也是海洋产业和海洋经济的重要组成部分。2011年1月,浙江省人民政府印发的《浙江省海洋新兴产业发展规划（2010—2015年）》中指出,要建成一批海洋工程装备,以促进浙江省海洋产业的发展。2011年2月,国务院正式批复《浙江海洋经济发展示范区规划（2011—2015）》,对海洋装备制造业、清洁能源产业和海水利用业的发展进行布局,并统筹规划建设重要能源资源储运基地,增强能源供给保障,完善能源输送网络。随后,浙江省第十一届人民代表大会第四次会议审查批准的《浙江省国民经济和社会发展第十二个五年规划纲要》对优化完善海洋集疏运网络工程做出部署。
同年12月，浙江省发展和改革委员会、浙江省海洋与渔业局印发《浙江省海
洋事业发展"十二五"规划》，对海岛基础设施建设、海洋可再生能源开发与
海水综合利用、海洋执法装备建设等工程进行规划。2013年7月，浙江省人
民政府办公厅印发《浙江海洋经济发展"822"行动计划（2013—2017）》，
对海洋工程装备与高端船舶制造业工程做出部署。2016年4月，浙江省人民
政府办公厅发布《浙江省海洋港口发展"十三五"规划》，提出依靠现代化技
术升级建设智慧港。2020年3月，浙江省发展和改革委员会印发《2020年海
洋强省建设重点工作任务清单》，列出113项工作任务，明确了海洋强省建设
的总体思路、目标要求和任务举措。

同时，海洋工程对海洋生态环境保护的意义也十分重大。2012年6月，
中共浙江省第十三次党代会报告强调实施海洋污染防治与生态环境恢复工
程。2017年9月发布的《浙江省海洋生态环境保护"十三五"规划》中，对
"蓝色海湾"综合治理、美丽黄金海岸带综合整治、海洋生态环境保护与修
复、海洋生态建设示范区创建、海洋生态环境保护制度建设和海洋环境监管
能力提升等六大重点工程做详细说明。表2.2展示了促进浙江省海洋经济发展
的部分政策及海洋工程建设的相关内容。

表2.2　浙江省海洋经济发展政策及海洋工程建设相关内容

| 发布年份(年) | 政策文件 | 相关内容或目标 |
|---|---|---|
| 1994 | 《浙江省海洋开发规划纲要(1993—2010)》 | 建设海岛交通码头，"八五"期内完成居住人口达5000人以上和部分乡(镇)级建制岛屿的交通码头建设，"九五"期间择优建设千人以上和乡(镇)级建制岛屿的交通码头或道头；建设陆岛滚装轮渡码头，拟再建嵊泗—上海、洞头—温州、桃花—宁波等汽车轮渡码头，逐步形成沟通沿海主要岛屿与大陆的"海上蓝色公路网"；根据经济发展需要和条件可能，远期可考虑建设少量的陆岛、岛岛大桥或海底隧道 |
| 2005 | 《浙江海洋经济强省建设规划纲要》 | 围绕海洋经济发展，进一步完善"接陆连海、贯通海岸、延伸内陆"的大交通网架；加强沿海和海岛地区供水、防洪排涝等水利设施建设；除沿海大型电站和主网架建设外，继续完善大陆向主要海岛供电工程建设，保障海岛市、县(市、区)可靠、优质的电力供应 |

| 发布年份(年) | 政策文件 | 相关内容或目标 |
|---|---|---|
| 2011 | 《浙江省海洋新兴产业发展规划》 | 重点发展钻井平台、钻井船、海上浮式生产储卸油装置、LNG船、深水作业工程船等海洋工程装备和特种工程船舶及运动船艇,积极发展船舶配套装置等高端装备制造;做优做强大型化散货船、集装箱船、化学品船三大主流船型,加强海洋石油平台供应船、半潜式石油平台、万马力级深水三用工作船研发,突破海上风机安装船关键技术,形成系列化自主开发能力和系列品牌产品 |
| 2011 | 《浙江海洋经济发展示范区规划(2011—2015)》 | 坚持自主科技创新与中外合资合作并重,推动舟山和宁波在自升式钻井平台、浮式生产储油装置、深水水下采收系统等领域取得突破,形成长链条、大配套能力,建成我国重要的海洋工程装备基地;按照国家整体部署和长江三角洲地区、长江流域经济社会发展需要,统筹规划建设一批重要能源资源储运基地,完善配套设施,提高中转储运能力 |
| 2011 | 《浙江省国民经济和社会发展第十二个五年规划纲要》 | 整合港口资源,建设一批深水码头和重点港区,发展集装箱运输,进一步提高港口吞吐能力;改造提升一批内河航道,建设海河联运体系,拓展"内陆港"服务功能,创新推动港口联盟;完善进港航道、锚地、疏港公路铁路及重要枢纽等集疏运网络,实现多种运输方式数据共享、无缝对接,加快建成"集散并重"的综合性国际枢纽港。建设一批港口物流园区,培育一批港口物流企业。引导民资参与航运发展,打造全国领先的海洋运输船队 |
| 2011 | 《浙江省海洋事业发展"十二五"规划》 | 加快海岛基础设施建设规划的编制与实施,积极推进与海岛发展相适应的基础设施建设,加强对桥隧、航道、锚地、码头、标准渔港等公用设施建设支持力度,提倡和鼓励海岛与周边其他海岛地区实现基础设施的共建共享;摸清潮汐能、潮流能资源情况,重点探索开发潮汐能、潮流能,实施万千瓦级潮汐发电示范项目 |
| 2012 | 中共浙江省第十三次党代会 | 深入推进海洋污染防治,实施海洋生物资源、重要港湾和重点海域生态环境恢复工程 |

续　表

| 发布年份(年) | 政策文件 | 相关内容或目标 |
|---|---|---|
| 2013 | 《浙江海洋经济发展"822"行动计划(2013—2017)》 | 重点发展钻井平台、钻井船、海上浮式生产储卸油装置(FPSO)、LNG船、深水作业工程船、海洋石油平台辅助船、远洋捕捞船等海洋工程装备和特种工程船舶及运动船艇,做优做强大型化散货船、集装箱船、化学品船三大主流船型。推动深海运载和通用、深水探查作业等关键技术研发,努力形成具有较强国际竞争力的海洋工程装备和高端船舶制造能力 |
| 2016 | 《浙江省海洋港口发展"十三五"规划》 | 以提升公共服务能力和效率为核心,依托国家交通运输物流公共信息平台,推动港口信息数据联网和标准化建设,实现港口信息互联互通,加快提升港口信息化水平。完善在线接单、移动查询、电子支付、即时跟踪等服务功能,建设"码头网上营业厅"和"物流服务交易厅"。推广运用北斗/全球定位系统、卫星导航、船舶自动识别系统、雷达探测监控等技术,加强港口船舶智能化管理。完善港口电子数据交换系统,运用无线射频识别、光电识别与跟踪等技术,实现码头与监管部门视频资源共享,推进车辆、货物智能化管理 |
| 2017 | 《浙江省海洋生态环境保护"十三五"规划》 | 在海洋生态环境保护与修复工程方面,要建设和管理海洋保护区,保护与恢复渔业资源,修复滨海湿地与整治海岛生态。继续推进国家级海洋生态文明建设示范区建设工作。统筹海洋经济发展、海洋资源集约利用、海洋生态保护与建设、海洋文化建设、海洋综合管理保障等重点项目。到2020年,创建省级以上海洋生态建设示范区不少于10个 |
| 2020 | 《2020年海洋强省建设重点工作任务清单》 | 加快梅山集装箱9号泊位建设,建成穿山1#集装箱码头、金塘大浦口3#泊位、北仑通用码头改造等集装箱泊位,计划建成沿海万吨级以上泊位10个。推进马迹山三期矿石码头工程项目、光明码头改建项目、鼠浪湖西三区堆场及配套码头项目等核准并争取开工;在建项目方面,中宅矿石码头二期工程、穿山1号集装箱码头工程、乍浦港区D区3号多用途泊位工程等项目争取完工。推进宁波LNG登陆中心建设。推进舟山金塘大浦口集装箱码头二阶段工程建设。推进浙江舟山液化天然气(LNG)接收及加注站项目二期和连接管道项目建设,加快浙能六横LNG接收站、中石化六横LNG接收站项目前期工作 |

第三章

浙江省海洋工程项目
建设概况

海洋工程项目建设情况是反映海洋固定资产投资的重要方面，直接关系到海洋经济的发展。本章从海洋工程基本情况、海洋工程项目建设、运营及围填海工程建设等方面对浙江省海洋工程项目建设情况进行分析，为掌握浙江省沿海地区海洋工程建设、运行、发展的基本趋势提供基础信息，为浙江省海洋经济发展提供海洋工程领域的参考。本章数据主要来源于浙江省各城市的统计年鉴、环境状况公报及《浙江省海洋资源环境发展报告》《浙江海洋经济发展重大建设项目实施计划》《浙江省海洋资源环境发展报告》《浙江省海域使用管理公报》《浙江省海洋功能区划（2011—2020年）》等。

## 第一节 ｜ 浙江省海洋工程基本情况分析

### 一、海洋工程数量及项目状态分布情况

统计资料显示，截至2015年，浙江省有海洋工程项目2719个，其中拟建项目122个、在建项目205个、竣工项目377个、运营项目1441个、废弃项目53个、其他未填写状态项目521个（见表3.1）。海洋工程竣工项目与运营项目数占项目总数的66.86%，表明浙江省海洋工程项目运行状况较好，运营投入比例大，在不久的将来会有更多的海洋工程项目投入运营，发展前景良好。而在建和拟建项目数占海洋工程项目总数的比例虽小，仅为12.03%，但是在建和拟建项目工程数合计有300余个，表明在未来一段时期内，浙江省海洋工程建设压力较大。

表3.1　浙江省海洋工程项目情况汇总表（截至2015年）

| 统计对象分类 | 数量(个) | 比例(%) |
|---|---|---|
| 拟建 | 122 | 4.49 |
| 在建 | 205 | 7.54 |
| 竣工 | 377 | 13.87 |
| 运营 | 1441 | 53.00 |
| 废弃 | 53 | 1.95 |

续　表

| 统计对象分类 | 数量(个) | 比例(%) |
|---|---|---|
| 其他 | 521 | 19.15 |
| 合计 | 2719 | 100 |

数据来源：《浙江海洋经济发展重大建设项目实施计划》《浙江省海域使用管理公报》《浙江省海洋功能区划（2011—2020年）》《浙江省海洋资源环境发展报告》。

## 二、海洋工程项目时空分布情况

根据《浙江海洋经济发展重大建设项目实施计划》《浙江省海域使用管理公报》《浙江省海洋功能区划（2011—2020年）》整理得到的海洋工程项目数据，首先分析海洋工程项目空间分布状况。结果发现，截至2015年，浙江省2719个海洋工程项目在5个主要沿海地市的数量分布极不均衡，其中舟山海洋工程项目最多（1170个），台州次之（558个），而嘉兴的海洋工程项目数量最少（40个），如图3.1所示。

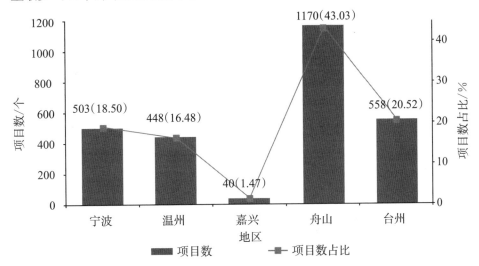

**图3.1　浙江省主要沿海地市海洋工程项目数及占比情况（截至2015年）**

具体而言，舟山海洋工程项目数共计1170个，占浙江省海洋工程项目总数的43.03%，其中拟建23个、在建61个、竣工106个、运营782个、废弃18个；台州海洋工程项目数共计558个，占浙江省海洋工程项目总数的20.52%，其中拟建41个、在建44个、竣工95个、运营210个、废弃11个；

宁波海洋工程项目数共计503个,占浙江省海洋工程项目总数的18.50%,其中拟建35个、在建48个、竣工44个、运营258个、废弃20个;温州海洋工程项目数共计448个,占浙江省海洋工程项目总数的16.48%,其中拟建23个、在建48个、竣工115个、运营174个、废弃3个;嘉兴海洋工程项目数共计40个,占浙江省海洋工程项目总数的1.47%,其中在建4个、竣工17个、运营17个、废弃及其他类型的项目各1个(详见表3.2)。

表3.2 浙江省主要沿海地市海洋工程项目情况汇总表(截至2015年)

| 地  区 | 统计对象分类(个) | | | | | | |
| --- | --- | --- | --- | --- | --- | --- | --- |
| | 拟建 | 在建 | 竣工 | 运营 | 废弃 | 其他 | 合计 |
| 浙江省 | 122 | 205 | 377 | 1441 | 53 | 521 | 2719 |
| 宁波 | 35 | 48 | 44 | 258 | 20 | 98 | 503 |
| 温州 | 23 | 48 | 115 | 174 | 3 | 85 | 448 |
| 嘉兴 | 0 | 4 | 17 | 17 | 1 | 1 | 40 |
| 舟山 | 23 | 61 | 106 | 782 | 18 | 180 | 1170 |
| 台州 | 41 | 44 | 95 | 210 | 11 | 157 | 558 |

进一步地,分析浙江省海洋工程项目数量随时间的变动情况。将海洋工程项目按其(拟)开工时间、(拟)完工时间分别进行统计,结果如图3.2和图3.3所示。在进行统计时,没有具体(拟)开工时间的项目有980个,有具体(拟)开工时间的项目实际统计数为1739个;没有具体(拟)完工时间的项目有1045个,有具体(拟)完工时间的实际统计数为1674个。其虽不能全面反映浙江省海洋工程建设随时间的变化情况,但也能在一定程度上反映出浙江省海洋工程的基本情况。

从海洋工程项目(拟)开工情况来看,21世纪之前,浙江省各年海洋工程项目(拟)开工数量相对比较少,基本在50个以下;进入21世纪,尤其自2002年开始,海洋工程项目建设(拟)开工数量明显增多,基本保持在50个以上,其中2013年达到最高点(152个项目),随后随着国家围填海管控政策的加强,全省海洋工程建设项目数量有较大幅度的减少(详见图3.2)。

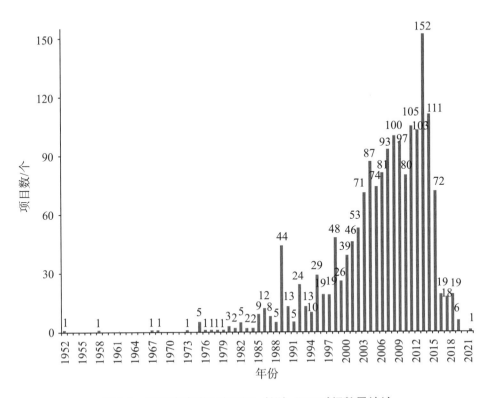

**图3.2 浙江省海洋工程项目（拟）开工时间数量统计**

从海洋工程项目（拟）完工情况来看，全省海洋工程项目（拟）完工数量在21世纪前后的分布情况与（拟）开工数量特征类似，无不表明浙江省海洋经济发展在21世纪翻开了新篇章。如图3.3所示，浙江省海洋工程项目建设（拟）完工数量自2003年开始明显增多，至2015年达到顶点（122个项目）。此外，全省海洋工程项目（拟）完工时间与其（拟）开工时间相比，存在大约2年的时间滞后，表明多数海洋工程项目建设工期在2年左右，这也从侧面说明海洋工程项目建设往往面临复杂的建设工况，一般比较耗费时日。尤其对于大型海洋工程项目而言，较长的工程建设期会使其面临更多的不确定性，这就需要获得国家和地方政府的共同支持，才能更好地完成整个工程项目。

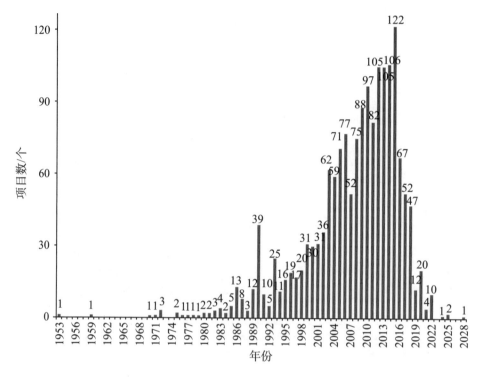

图3.3 浙江省海洋工程项目（拟）完工时间数量统计

### 三、海洋工程项目用海情况

本小节根据《浙江省海域使用管理公报》《浙江省海洋功能区划（2011—2020年）》等资料整理得到浙江省沿海地市用海情况的基本信息。统计数据显示，截至2015年，浙江省海洋工程用海总面积为33438.20公顷①，其中围海面积为18097.10公顷、填海面积为15341.10公顷。从空间分布的角度看，用海总面积最多的是台州（8524.58公顷），其次是舟山（8453.62公顷），而用海面积最少的是嘉兴（492.60公顷）。从具体的围海和填海划分来看，各沿海地市的围海和填海面积如图3.4所示。

---

① 1公顷＝0.01平方千米。

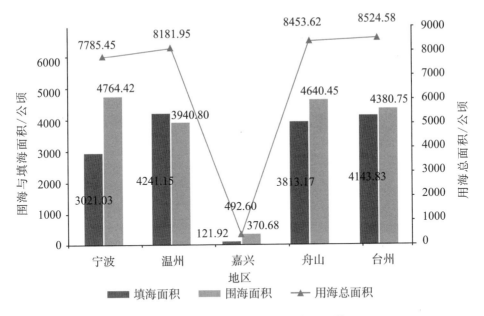

**图3.4 浙江省主要沿海地市用海面积情况**

截至2015年，在浙江省33438.20公顷用海总面积中，围海面积占比为54.12%，填海面积占比为45.88%。从空间分布情况来看，舟山、台州、温州和宁波的用海总面积占全省比例均在25%左右，而嘉兴用海总面积占全省的比例不足1.50%，详情如图3.5所示。

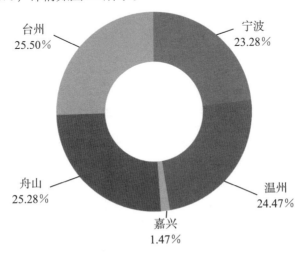

**图3.5 浙江省沿海地市用海面积占全省用海总面积份额情况**

## 四、海洋工程项目类型情况

海洋工程项目类型可分为围海项目、填海项目、围填海项目和一般项目4类。统计数据显示，在2719个浙江省海洋工程项目中，围海项目数量多达1441个；填海项目数量排第2位，为800个；一般项目数量居第3位，为434个；围填海项目数量最少，仅有44个。从海洋工程项目数量的空间分布而言，舟山（1170个）、台州（558个）和宁波（503个）排名浙江省前3位，嘉兴最少，仅计40个，各主要沿海地市海洋工程类型占比情况详见图3.6。

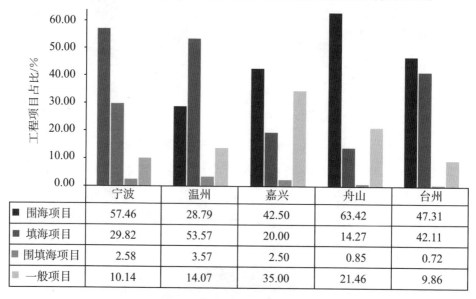

| | 宁波 | 温州 | 嘉兴 | 舟山 | 台州 |
|---|---|---|---|---|---|
| ■ 围海项目 | 57.46 | 28.79 | 42.50 | 63.42 | 47.31 |
| ■ 填海项目 | 29.82 | 53.57 | 20.00 | 14.27 | 42.11 |
| ■ 围填海项目 | 2.58 | 3.57 | 2.50 | 0.85 | 0.72 |
| ■ 一般项目 | 10.14 | 14.07 | 35.00 | 21.46 | 9.86 |

**图3.6　浙江省主要沿海地市海洋工程类型占比情况**

## 五、浙江省海洋工程发展与分布特点

浙江省拥有大陆及岛屿海岸线6715千米，居全国第1位，规划港口深水岸线达759千米，可建10万吨级以上泊位的岸线长度达200千米以上，可建30万吨级及以上超大型泊位的深水长度约为20千米，锚地航道资源非常丰富，沿海航道、航线四通八达，习惯航道近5000千米——丰富的深水港口和地处长江经济带与东部沿海经济带的"T"形交汇点，是浙江省最突出的资源优势和区位优势，同时也为沿海地区海洋工程建设提供了必要的前提和条件。

分析结果显示，浙江省海洋工程以海港工程和围填海工程为主，主要涉及港口码头建设、船舶工业用海建设及沿海地区工业园区建设和城镇基础设施建设等内容。海洋工程项目，尤其是以海港和码头工程建设为主的工程项目主要分布在舟山、台州和宁波。这些海洋工程项目的空间分布，显然与区域的优良水域条件、绵长的海岸线情况和广阔滩涂资源的分布呈现一致性的特点。

需要说明的是，台州沿海码头工程项目虽多，但受限于资源禀赋、经济条件和港深等地理条件，其海洋经济相对落后于宁波、舟山和温州。尤其自2013年《浙江舟山群岛新区发展规划》明确舟山群岛新区作为中国大宗商品储运中转加工交易中心、东部地区重要的海上开放门户、重要的现代海洋产业基地、海洋海岛综合保护开发示范区和陆海统筹发展先行区以来，舟山的港口、码头及相应配套设施建设的迅猛增长，不仅推动了舟山海洋经济大踏步前进，也带动了宁波、嘉兴和杭州等邻近地区海洋经济的发展。

## 第二节 | 浙江省海洋工程相关单位分析

### 一、海洋工程相关单位情况

海洋工程相关单位分为海洋工程建设单位、海洋工程施工单位和海洋工程运营单位3种。整理《中国海洋工程年鉴》《浙江海洋经济发展重大建设项目实施计划》和《浙江省海洋资源环境发展报告》等资料，结果发现，截至2015年，浙江省海洋工程项目建设过程中涉及的海洋工程建设单位、海洋工程施工单位和海洋工程运营单位数量分别为598个、316个和273个。各主要沿海地区海洋工程建设单位、海洋工程施工单位和海洋工程运营单位的数量情况，如图3.7所示。

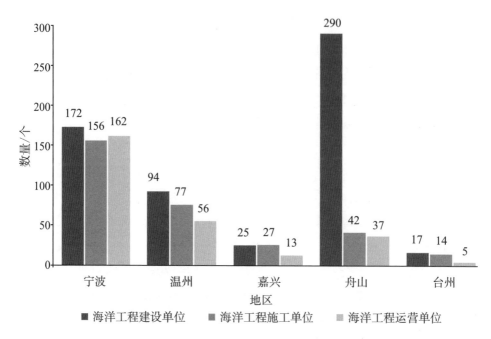

**图3.7 浙江省主要沿海城市海洋工程建设、施工和运营单位数量情况**

## 二、海洋工程建设对浙江省海洋经济的贡献情况

海洋工程建设对浙江省海洋经济的贡献，主要体现为它是拉动浙江省海洋经济发展的动力之一：一方面，为浙江省沿海地区经济发展提供所需的土地要素；另一方面，为浙江省渔业、临港工业、滨海服务业、交通运输业等相关产业的发展提供助益。此外，海洋工程建设对于解决当地劳动力就业和实现居民增收等也大有帮助。

# 第三节｜浙江省海洋工程咨询服务情况分析

## 一、海洋工程咨询服务单位类型及数量

海洋工程咨询服务分为海洋工程可行性论证、海洋工程设计、海洋工程勘察、海洋工程监理、海洋工程海域使用论证、海洋工程环境影响评价、海洋工程安全评估、第三方检测和其他咨询服务等。据《中国海洋工程年鉴》

《浙江海洋经济发展重大建设项目实施计划》《中国工程咨询（基于海洋空间综合评价的浙江省海洋主体功能区初步划分）》等相关统计资料，各类型服务所涉及的单位数量如表3.3所示。

表3.3 浙江省海洋工程咨询服务单位情况汇总表（截至2015年）

| 统计对象分类 | 单位数量(个) |
|---|---|
| 海洋工程可行性论证单位 | 52 |
| 海洋工程设计单位 | 67 |
| 海洋工程勘察单位 | 52 |
| 海洋工程监理单位 | 88 |
| 海洋工程海域使用论证单位 | 26 |
| 海洋工程环境影响评价单位 | 64 |
| 海洋工程安全评估单位 | 29 |
| 第三方检测单位 | 49 |
| 其他咨询服务单位 | 24 |

如表3.3所示，截至2015年，在浙江省海洋工程咨询服务单位中，"海洋工程监理单位""海洋工程设计单位"和"海洋工程环境影响评价单位"的数量居前3位，而"其他咨询服务单位"的数量最少，仅有24个。

## 二、海洋工程咨询服务合同数量与金额

进一步地，将海洋工程咨询服务合同数量与金额，按照海洋工程可行性论证、海洋工程设计、海洋工程勘察、海洋工程监理、海洋工程海域使用论证、海洋工程环境影响评价、海洋工程安全评估、第三方检测和其他咨询服务等九大类别进行分类汇总，得到数据汇总，如表3.4所示。

表3.4 浙江省海洋工程咨询服务状况汇总表（截至2015年）

| 统计对象分类 | 合同数(个) | 合同总额(万元) |
|---|---|---|
| 海洋工程可行性论证 | 206 | 26560.52 |
| 海洋工程设计 | 234 | 55335.30 |
| 海洋工程勘察 | 217 | 21674.94 |
| 海洋工程监理 | 180 | 50232.40 |

| 统计对象分类 | 合同数(个) | 合同总额(万元) |
|---|---|---|
| 海洋工程海域使用论证 | 408 | 6604.06 |
| 海洋工程环境影响评价 | 455 | 7575.22 |
| 海洋工程安全评估 | 127 | 2196.94 |
| 第三方检测 | 173 | 4527.03 |
| 其他咨询服务 | 72 | 2519.61 |

数据来源：《中国海洋工程年鉴》《浙江海洋经济发展重大建设项目实施计划》《浙江省海洋资源环境发展报告》和《浙江省海域使用管理公报》。

汇总数据显示：截至2015年，浙江省海洋工程项目所签署的海洋工程可行性论证合同数为206个，合同总金额达26560.52万元；海洋工程设计合同数为234个，合同总金额达55335.30万元；海洋工程勘察合同数达217个，合同总金额达21674.94万元；海洋工程监理合同数为180个，合同总金额达50232.40万元；海洋工程海域使用论证合同数为408个，合同总金额达6604.06万元；海洋工程环境影响评价合同数为455个，合同总金额达7575.22万元；海洋工程安全评估合同数为127个，合同总金额达2196.94万元；第三方检测合同数为173个，合同总金额达4527.03万元；其他咨询服务合同数为72个，合同总金额达2519.61万元。

截至2015年，在2072个浙江省海洋工程咨询服务合同中，其中舟山和宁波的海洋工程咨询服务合同数居于前2位，分别为1129个和530个，占全省的比例分别为54.49%和25.58%；台州和嘉兴2个沿海地市海洋工程咨询服务合同数相对较少，分别为50个和89个，占比均在5%以下；温州海洋工程咨询服务合同数为274个，占比为13.22%，居5个沿海地市的中间位次（见图3.8）。

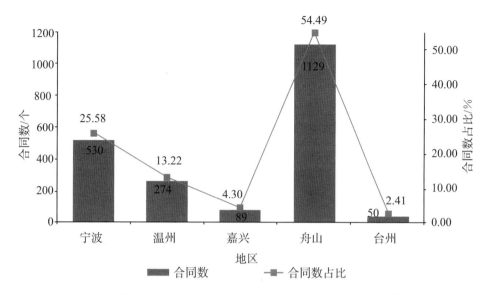

**图3.8　浙江省主要沿海地市海洋工程咨询服务合同数分布情况**

进一步分析各沿海地市海洋工程咨询服务的合同类别，可以发现：宁波拥有50个海洋工程可行性论证合同、60个海洋工程设计合同、64个海洋工程勘察合同、66个海洋工程监理合同、98个海洋工程海域使用论证合同、97个海洋工程环境影响评价合同、38个海洋工程安全评估合同、32个第三方检测合同和25个其他咨询服务合同。温州拥有30个海洋工程可行性论证合同、41个海洋工程设计合同、37个海洋工程勘察合同、44个海洋工程监理合同、31个海洋工程海域使用论证合同、40个海洋工程环境影响评价合同、21个海洋工程安全评估合同、27个第三方检测合同和3个其他咨询服务合同。嘉兴拥有7个海洋工程可行性论证合同、11个海洋工程设计合同、9个海洋工程勘察合同、9个海洋工程监理合同、9个海洋工程海域使用论证合同、16个海洋工程环境影响评价合同、9个海洋工程安全评估合同、13个第三方检测合同和6个其他咨询服务合同。舟山拥有109个海洋工程可行性论证合同、117个海洋工程设计合同、101个海洋工程勘察合同、55个海洋工程监理合同、269个海洋工程海域使用论证合同、291个海洋工程环境影响评价合同、56个海洋工程安全评估合同、95个第三方检测合同和36个其他咨询服务合同。台州拥有10个海洋工程可行性论证合同、5个海洋工程设计合同、6个海洋工程勘察合同、6个海洋工程监理合同、1个海洋工程海域使用论证合同、11个海洋工程环境影响评价合同、3个海洋工程安全评估合同、6个第三方检测合同和2个其他咨询服务合同（见表3.5）。

表3.5 浙江省主要沿海地市海洋工程咨询服务合同数分布情况

单位：个

| 地区 | 海洋工程可行性论证 | 海洋工程设计 | 海洋工程勘察 | 海洋工程监理 | 海洋工程海域使用论证 | 海洋工程环境影响评价 | 海洋工程安全评估 | 第三方检测 | 其他咨询服务 |
|---|---|---|---|---|---|---|---|---|---|
| 宁波 | 50 | 60 | 64 | 66 | 98 | 97 | 38 | 32 | 25 |
| 温州 | 30 | 41 | 37 | 44 | 31 | 40 | 21 | 27 | 3 |
| 嘉兴 | 7 | 11 | 9 | 9 | 9 | 16 | 9 | 13 | 6 |
| 舟山 | 109 | 117 | 101 | 55 | 269 | 291 | 56 | 95 | 36 |
| 台州 | 10 | 5 | 6 | 6 | 1 | 11 | 3 | 6 | 2 |

截至2015年，在177226.02万元的浙江省海洋工程咨询服务合同金额中，舟山和宁波占据前2位，合同金额分别为67758.19万元和50182.40万元；温州合同金额为43750.41万元，居于浙江省第3位；嘉兴和台州合同金额均在10000万元以下，分别为9074.23万元和6460.79万元。各沿海地市不同海洋工程类别咨询服务合同金额分布情况如表3.6所示。

表3.6 浙江省主要沿海地市海洋工程咨询服务合同金额分布情况

单位：万元

| 地区 | 海洋工程可行性论证 | 海洋工程设计 | 海洋工程勘察 | 海洋工程监理 | 海洋工程海域使用论证 | 海洋工程环境影响评价 | 海洋工程安全评估 | 第三方检测 | 其他咨询服务 |
|---|---|---|---|---|---|---|---|---|---|
| 宁波 | 14838.41 | 14763.37 | 4081.37 | 11836.45 | 1166.96 | 1121.34 | 606.90 | 1390.78 | 376.82 |
| 温州 | 1517.60 | 14099.56 | 7176.44 | 18118.50 | 961.10 | 1012.30 | 344.24 | 399.51 | 121.16 |
| 嘉兴 | 103.51 | 2198.87 | 189.72 | 5470.60 | 189.00 | 367.68 | 184.50 | 240.74 | 129.60 |
| 舟山 | 9616.20 | 22597.00 | 8624.60 | 13142.26 | 4259.00 | 5030.00 | 1032.20 | 1595.90 | 1861.03 |
| 台州 | 484.80 | 1676.50 | 1602.80 | 1664.59 | 28.00 | 43.90 | 29.10 | 900.10 | 31.00 |

## 三、海洋工程咨询服务业重点企业单位情况

为浙江省海洋工程项目提供过咨询服务的企业单位，其出现的频次数能

够反映其在海洋工程咨询服务业中的地位。图3.9展示的是根据《中国工程咨询（基于海洋空间综合评价的浙江省海洋主体功能区初步划分）》《中国海洋工程年鉴》《浙江海洋经济发展重大建设项目实施计划》等资料整理得到的为浙江省海洋工程提供咨询服务在30次（含）以上单位的情况。由图3.9可知，为浙江省海洋工程提供咨询服务的重点企业单位主要有国家海洋局第二海洋研究所、宁波市环境保护科学研究设计院、浙江省海洋生态环境科学研究所、舟山市海洋勘察设计院、舟山市交通规划设计院、浙江省工程勘察院、舟山市海洋勘测设计院、浙江省海洋水产研究所、上海东海海洋工程勘察设计研究院等。

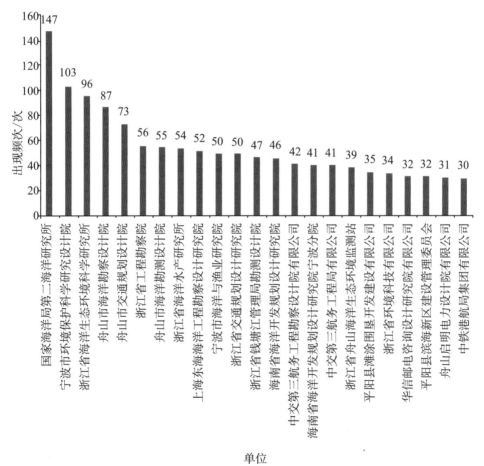

**图3.9 海洋工程相关咨询服务单位出现频次统计（截至2015年）**

总的来说，浙江省海洋工程咨询服务单位种类繁多，表明浙江省海洋工程咨询服务业发展状况良好。海洋工程咨询服务业的迅速发展是社会发展的需要，目前海洋咨询活动日益渗透到了经济、生活等许多领域，同时浙江省海洋工程的发展离不开国家政策的支持，在国家直接或间接产业政策的支持下，浙江省咨询服务行业积极发展，为浙江省海洋经济的发展打下了坚实的基础。

## 第四节 | 浙江省围填海工程建设运营情况分析

### 一、围填海项目建设概况

根据《浙江省海域使用管理公报》《浙江省海洋资源环境发展报告》《浙江省海洋环境资源基本现状》《浙江海洋经济发展重大建设项目实施计划》及浙江省各地级市海洋环境公报等资料，整理得到浙江省2015年主要沿海地市围填海情况汇总数据，如表3.7所示。

**表3.7　2015年浙江省主要沿海地市围填海情况汇总表**

| 围填海项目数（个） | 批复面积（公顷） | | 累计完成面积（公顷） | | 成本（万元） | | 累计完成投资金额（万元） | 2015年运营产值（万元） |
|---|---|---|---|---|---|---|---|---|
| | 围海 | 填海 | 围海 | 填海 | 填海 | 围海 | | |
| 2285 | 23324.00 | 25605.00 | 18097.10 | 15341.10 | 7043387.25 | 5812387.80 | 23797632.87 | 4968023.70 |

由表3.7可知，截至2015年，浙江省拟建、在建、竣工、运营、废弃和未知状态等的围填海项目总数为2285个，批复的围海项目总面积为23324.00公顷，批复填海总面积为25605.00公顷，而实际累计完成围海面积和填海面积分别为18097.10公顷、15341.10公顷，总体完成率分别达到77.59%和59.91%。进一步分析围填海项目的投资和运行情况，发现浙江省所有围填海项目的累计完成投资金额为23797632.87万元。其中，填海造地工程成本为7043387.25万元，围海工程成本为5812387.80万元。

在所有的围填海项目中，拟建项目112个，批复建设面积为2244.85公

顷，累计完成面积达 2237.89 公顷，总体完成率高达 99.69％；在建项目 158
个，批复建设面积为 9705.06 公顷，实际累计完成面积 6883.60 公顷，总体完
成率仅为 70.93％；已竣工项目为 310 个，批复建设面积为 12554.83 公顷，实
际累计完成面积为 12130.33 公顷，总体完成率高达 96.62％；在运营项目 1183
个，批复建设面积为 11859.44 公顷，实际累计完成面积 11803.70 公顷，总体
完成率高达 99.53％；已废弃项目为 53 个，其批复建设面积为 645.01 公顷，实
际累计完成面积 382.80 公顷，总体完成率尚不足 6 成（仅为 59.35％）。需要说
明的是，在建的填海工程项目批复总面积为 3133.87 公顷，累计完成面积
2575.89 公顷，在建填海工程项目总体完成率达 82.20％。在不考虑围填海面
积和项目状态未填写的情况下，已知各状态类型的项目数占比及其累计建设
面积占比情况如图 3.10 所示。

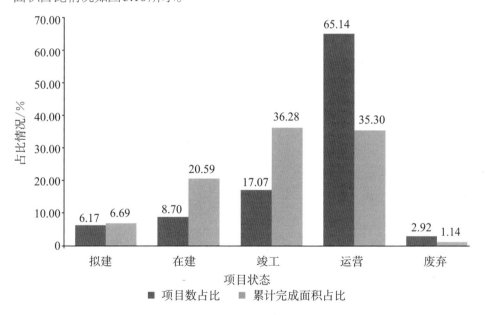

图 3.10　2015 年浙江省围填海工程各项目状态下项目数占比及累计完成面积占比情况

　　进一步地，从空间角度分析各主要沿海地市围填海项目的数量分布及其
围填海完成情况。统计数据显示：在 2285 个浙江省围填海工程项目中，舟山
（919 个）和台州（503 个）的围填海工程项目数居前 2 位，其占全省围填海工
程项目总数的比例均超过 20％，分别为 40.22％和 22.01％；宁波（452 个）的
围填海工程项目数接近全省围填海工程项目总数的 20％；而嘉兴（26 个）和

温州（385个）的围填海工程项目数均不足全省围填海工程项目总数的17%，所占比例分别为1.14%和16.85%，具体占比情况如图3.11所示。

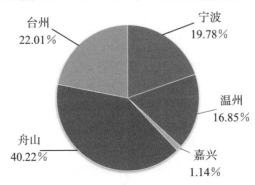

**图3.11　2015年浙江省各主要沿海地市围填海项目数占比情况**

同样地，从空间的角度分析浙江省各沿海地市围填海面积及其完成率情况，结果如表3.8所示。

表3.8　2015年浙江省主要沿海地市围填海面积及其完成率情况（截至2015年）

| 地　区 | 累计完成面积(公顷) | | 完成率(%) | |
|---|---|---|---|---|
| | 填海 | 围海 | 填海 | 围海 |
| 浙江省 | 15341.10 | 18097.10 | 59.91 | 77.59 |
| 宁波 | 3021.03 | 4764.42 | 73.29 | 92.64 |
| 温州 | 4241.15 | 3940.80 | 75.88 | 95.28 |
| 嘉兴 | 121.92 | 370.68 | 73.00 | 112.67 |
| 舟山 | 3813.17 | 4640.45 | 39.42 | 57.00 |
| 台州 | 4143.83 | 4380.75 | 68.48 | 78.59 |

　　资料来源：由《浙江省海域使用管理公报》《浙江省海洋资源环境发展报告》《浙江省海洋环境资源基本现状》《浙江海洋经济发展重大建设项目实施计划》及浙江省各地级市统计年鉴等资料汇总整理得到。

　　统计数据显示，截至2015年，浙江省累计完成填海面积15341.10公顷，累计完成围海面积18097.10公顷，总体完成率分别为59.91%和77.59%。可见浙江省围海工程项目的进度要显著快于填海工程项目进度，在一定程度上反映出填海工程项目建设难度大于围海工程项目建设难度。分地区来看，累计完成填海面积前3位的分别是温州（4241.15公顷）、台州（4143.83公顷）

和舟山（3813.17公顷）。在填海完成率方面，温州、宁波和嘉兴的总体完成率均在75%左右，居于前3位。而累计完成围海面积前3位的是宁波（4764.42公顷）、舟山（4640.45公顷）和台州（4380.75公顷），其累计围海面积均在4300公顷以上。在围海完成率方面，仅嘉兴超标完成了所批复的围海面积，需要重点管控；温州和宁波的围海完成率均超过90%，表明在未来一段时间，这两地区的围海面积批复额度将趋向紧张，需要加强监管；而舟山和台州的围海完成率均在80%以下，表明其还有较为宽松的围填用海指标，为这2个地区的海洋经济大发展提供了较好的发展条件。

此外，进一步分析各主要沿海地市截至2015年拟建、在建、竣工、运营和废弃等不同状态围填海项目数量的分布情况，结果发现，处于运营状态的围填海工程项目数量相对较多，其次为未填写项目状态的工程数量，再次是处于竣工状态的围填海工程项目数量，而处于废弃状态的围填海工程项目数量相对而言最少。具体地，各状态类型的围填海项目数量分布情况如图3.12所示。

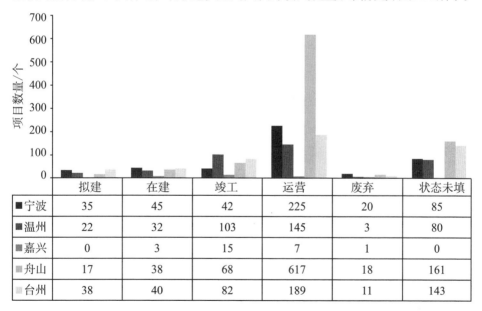

| | 拟建 | 在建 | 竣工 | 运营 | 废弃 | 状态未填 |
|---|---|---|---|---|---|---|
| ■宁波 | 35 | 45 | 42 | 225 | 20 | 85 |
| ■温州 | 22 | 32 | 103 | 145 | 3 | 80 |
| ■嘉兴 | 0 | 3 | 15 | 7 | 1 | 0 |
| ▨舟山 | 17 | 38 | 68 | 617 | 18 | 161 |
| ▢台州 | 38 | 40 | 82 | 189 | 11 | 143 |

**图3.12　2015年浙江省主要沿海地市围填海项目状态分布情况**

从图3.12中可知，处于运营状态的项目中，舟山（617个）、宁波（225个）和台州（189个），位居浙江省前3位；而关乎海洋经济未来发展的拟建围填海项目数居于浙江省前3位的地市为台州（38个）、宁波（35个）和温州（22个），而嘉兴拟建围填海项目数量竟然为0，即其海洋经济发展潜力有待进一步挖掘。

## 二、围填海项目运营概况

统计数据显示，2015年浙江省已运营围填海项目数1183个，占浙江省总项目数的51.77%，比例较高，表明浙江省围填海项目运营工作开展得较好。从空间分布来看，舟山（617个）和宁波（225个）已运营项目的数量较多，而嘉兴（7个）已运营的项目数量排浙江省末位（见表3.9）。

表3.9　2015年浙江省围填海项目运营情况汇总表

| 地　区 | 运营项目（个） | 总项目（个） | 2015年运营产值（万元） | 2015年底所有项目累计完成投资金额(万元) |
|---|---|---|---|---|
| 浙江省 | 1183 | 2285 | 4968023.66 | 23797632.87 |
| 宁波 | 225 | 452 | 1783004.06 | 7192778.49 |
| 温州 | 145 | 385 | 778245.75 | 2501892.04 |
| 嘉兴 | 7 | 26 | 189239.00 | 604552.56 |
| 舟山 | 617 | 919 | 2022465.10 | 10217783.53 |
| 台州 | 189 | 503 | 195069.75 | 3280626.25 |

进一步地分析围填海项目的运营产出状况。结果显示，2015年，浙江省所有围填海项目运营产值为4968023.66万元，所有项目累计完成投资金额达23797632.87万元，浙江省运营产值占所有项目累计完成投资金额的份额为20.88%。由此可见，围填海项目所形成的固定资产可以带来一定的国民经济收益。

根据表3.9，浙江省各沿海地市围填海项目运营情况分析如下：2015年，宁波拥有围填海项目452个，其中运营项目有225个，已运营项目数占总项目数的份额为49.78%；其年运营产值为1783004.06万元，所有项目累计完成投资金额达7192778.49万元，运营产值占所有项目累计完成投资金额的份额为24.79%。

截至2015年，温州拥有围填海项目385个，其中运营项目有145个，已运营项目数占总项目数的份额为37.66%；其年运营产值为778245.75万元，所有项目累计完成投资金额达2501892.04万元，运营产值占所有项目累计完成投资金额的份额为31.11%。

截至2015年，嘉兴拥有围填海项目26个，其中运营项目有7个，已运营项目数占总项目数的份额为26.92％；其年运营产值为189239.00万元，所有项目累计完成投资金额达604552.56万元，运营产值占所有项目累计完成投资金额的份额为31.30％。

截至2015年，舟山拥有围填海项目919个，其中运营项目有617个，已运营项目数占总项目数的份额为67.14％；其年运营产值为2022465.10万元，所有项目累计完成投资金额达10217783.53万元，运营产值占所有项目累计完成投资金额的份额为19.79％。

截至2015年，台州拥有围填海项目503个，其中运营项目有189个，已运营项目数占总项目数的份额为37.57％；其年运营产值为195069.75万元，所有项目累计完成投资金额达3280626.25万元，运营产值占所有项目累计完成投资金额的份额为5.95％。

# 第五节｜浙江省围填海工程用海规模分析

## 一、围海工程用海规模分析

本节结合浙江省围填海工程建设运营情况，进一步对围填海工程用海规模进行分析。根据《浙江省海域使用管理公报》《浙江省海洋资源环境发展报告》《浙江省海洋环境资源基本现状》《中国海洋工程年鉴》及各地市海洋环境公报，整理得到浙江省及其主要沿海地市围海面积及其完成率情况如表3.10所示。

表3.10 浙江省及主要沿海地市围海面积及其完成率情况（截至2015年）

| 地 区 | 所有项目批复围海面积(公顷) | 累计完成围海面积(公顷) | 完成率(％) |
|---|---|---|---|
| 浙江省 | 23323.00 | 18097.10 | 77.59 |
| 宁波 | 5143.00 | 4764.42 | 92.64 |
| 温州 | 4136.00 | 3940.80 | 95.28 |
| 嘉兴 | 329.00 | 370.68 | 112.67 |
| 舟山 | 8141.00 | 4640.45 | 57.00 |
| 台州 | 5574.00 | 4380.75 | 78.59 |

从表3.10可以看出，截至2015年，浙江省所有项目批复围海面积达23324.00公顷，累计完成围海面积18097.10公顷，总体完成率为77.59%。从所有项目批复的围海面积看，排名前3位的地区分别是舟山（8141.00公顷）、台州（5574.00公顷）和宁波（5143.00公顷），这3个地市所批复的围海面积占浙江省所有批复的围海面积的8成以上。

从所有项目累计完成的围海面积看，舟山、宁波和台州依旧位列前3；不同的是：宁波以4764.42公顷居首位，舟山以4640.45公顷列第2位，而台州以4380.75公顷列第3位。

进一步地，从所批复的围海面积使用情况来看，嘉兴的围海面积完成率已超过100%，达到112.67%，说明嘉兴超标使用了所批复的围海面积，需要重点管控；温州和宁波的围海面积完成率均超过90%，意味着在未来一段时间，这两地市的围海面积批复额度将趋向紧张，需要加强监管；而舟山和台州的围海面积完成率均在80%以下，表明其还有较为宽松的围填用海指标。

## 二、填海工程用海规模分析

《浙江省海域使用管理公报》《浙江省海洋资源环境发展报告》《浙江省海洋环境资源基本现状》《中国海洋工程年鉴》及各地市海洋环境公报汇总数据显示，截至2015年，浙江省所有项目批复填海面积为25605.00公顷，累计完成填海面积为15341.10公顷，占所有项目批复填海面积的59.91%，总体完成率接近6成，表明浙江省正在积极地推进填海工程项目建设工作。填海工程项目状态分为尚未开工、在建、已完工未竣工验收和已竣工验收。其中，截至2015年，尚未开工的填海工程项目有46个，批复填海面积为1090.37公顷，累计完成面积为1060.35公顷，总体完成率为97.25%；在建的填海工程项目有68个，批复填海面积为3133.87公顷，累计完成面积为2575.89公顷，总体完成率为82.20%；已完工未竣工验收的填海工程项目有74个，批复填海面积为1963.12公顷，累计完成面积为1934.27公顷，总体完成率为98.53%；已竣工验收的填海工程项目有443个，批复填海面积为9733.90公顷，累计完成面积为9709.08公顷，总体完成率为99.75%。

截至2015年，浙江省主要沿海地市填海工程项目所处的状态分布情况，如图3.13所示。据图可知，截至2015年，浙江省主要沿海地市填海工程项目主要处于已竣工验收的状态，已完工未竣工验收的填海工程也不在少数，尚未开工的填海工程项目数量相对最少。

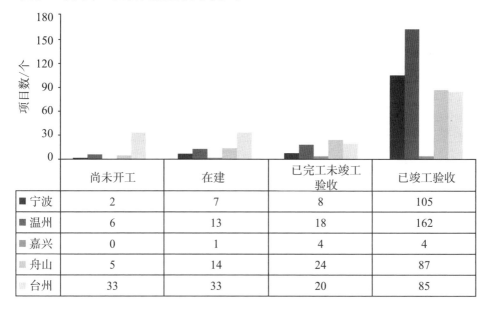

| | 尚未开工 | 在建 | 已完工未竣工验收 | 已竣工验收 |
|---|---|---|---|---|
| ■ 宁波 | 2 | 7 | 8 | 105 |
| ■ 温州 | 6 | 13 | 18 | 162 |
| ■ 嘉兴 | 0 | 1 | 4 | 4 |
| ▨ 舟山 | 5 | 14 | 24 | 87 |
| ▢ 台州 | 33 | 33 | 20 | 85 |

**图3.13　浙江省主要沿海地市填海工程状态分布情况（截至2015年）**

　　进一步地，将通过填海工程形成陆域后的开发分为已经换发土地证、闲置未进行实体项目建设、正在进行实体项目建设、实体项目投产运营和实体项目停产闲置等状态。统计结果显示，截至2015年底，浙江省通过填海工程项目形成陆域后已经换发土地证的有173个，其累计完成面积为3335.97公顷，总体完成率为97.30%；闲置未进行实体项目建设的有21个，累计完成面积为499.79公顷，总体完成率达100.00%；正在进行实体项目建设的有42个，累计完成面积为2012.39公顷，总体完成率稍低，为79.59%；实体项目投产运营的有93个，累计完成面积为1003.78公顷，总体完成率为98.46%；实体项目停产闲置的有6个，累计完成面积为451.29公顷，总体完成率高达100.00%。

　　依据统计整理数据进行深度分析，截至2015年浙江省主要沿海地市填海成陆后的开发状态分布和填海工程累计完成面积分布情况，详情见图3.14和图3.15。

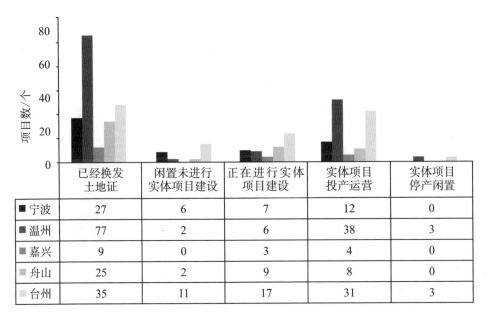

| | 已经换发土地证 | 闲置未进行实体项目建设 | 正在进行实体项目建设 | 实体项目投产运营 | 实体项目停产闲置 |
|---|---|---|---|---|---|
| ■ 宁波 | 27 | 6 | 7 | 12 | 0 |
| ■ 温州 | 77 | 2 | 6 | 38 | 3 |
| ■ 嘉兴 | 9 | 0 | 3 | 4 | 0 |
| 舟山 | 25 | 2 | 9 | 8 | 0 |
| 台州 | 35 | 11 | 17 | 31 | 3 |

**图3.14  2015年浙江省主要沿海地市填海成陆后的开发状态项目分布情况**

通过分析浙江省沿海地市填海成陆后的开发状态，发现：在已经换发土地证的工程项目中，温州（77个）和台州（35个）排名前2位，均有超过30个填海工程项目已换发土地证；而嘉兴换发土地证的填海工程项目数不足10个。在已经投产运营的实体项目中，温州和台州的项目数排名前列，分别为38个和31个，说明这2个地市的海洋经济拥有较好的运行基础。

而分析浙江省主要沿海地市填海工程项目累计完成面积分布时，发现：截至2015年，已换发土地证的填海工程项目面积与其换发土地证的数量相对应，而已经投产运营的实体项目所占的填海面积则与项目数稍有出入，尤其是宁波仅有12个实体项目投产运营，却具有298.90公顷的累计完成填海面积，由此反映出，宁波填海工程项目以大型海洋工程为主，因而才能达到较大的累计完成面积。闲置未进行实体项目建设、正在进行实体项目建设和实体项目停产闲置的项目累计完成填海面积情况，详见图3.15。

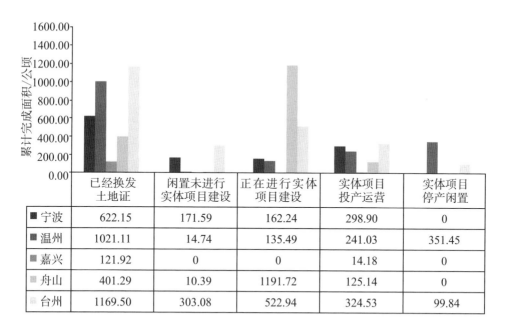

| | 已经换发土地证 | 闲置未进行实体项目建设 | 正在进行实体项目建设 | 实体项目投产运营 | 实体项目停产闲置 |
|---|---|---|---|---|---|
| ■ 宁波 | 622.15 | 171.59 | 162.24 | 298.90 | 0 |
| ■ 温州 | 1021.11 | 14.74 | 135.49 | 241.03 | 351.45 |
| ■ 嘉兴 | 121.92 | 0 | 0 | 14.18 | 0 |
| ▦ 舟山 | 401.29 | 10.39 | 1191.72 | 125.14 | 0 |
| ▥ 台州 | 1169.50 | 303.08 | 522.94 | 324.53 | 99.84 |

**图3.15　2015年浙江省主要沿海地市填海工程累计完成面积分布情况**

第四章

浙江省海洋工程建设经济效益

及其区域差异

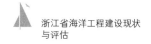
本章首先对浙江省海洋工程项目投资运行情况和围填海成本收益情况进行描述性分析，然后，以海洋工程项目投资金额、累计完成投资金额及项目产值等经济效益指标为基础，考察浙江省主要沿海地市海洋工程项目相关效益的集聚水平与区域差异状况。

# 第一节｜浙江省海洋工程项目投资运营分析

## 一、海洋工程项目投资情况

通过整理汇总《浙江省海域使用管理公报》《浙江省围填海空间格局分析》及浙江省沿海各地市海洋环境公报等资料，发现，2015年，浙江省拟建项目计划投资金额达3235202万元。在建项目中，计划投资金额为13407663万元，累计完成投资金额为8923450万元，2015年完成投资金额达1773318万元。竣工项目中，计划投资金额为11397104万元，累计完成投资金额为5802692万元，2015年完成投资金额达663446万元。运营项目计划投资金额为16050982万元，累计完成投资金额为15030834万元，2015年项目运营产值为5531856万元，运营产值占运营项目累计完成投资金额的36.80%，表明浙江省海洋工程运营情况良好，项目运营回报率较高，海洋经济未来发展可期（见表4.1）。

表4.1 浙江省海洋工程项目投资及产值状况

单位：万元

| 统计对象分类 | 计划投资金额 | 累计完成投资金额 | 2015年完成投资金额 | 2015年项目运营产值 |
|---|---|---|---|---|
| 拟建 | 3235202 | — | — | — |
| 在建 | 13407663 | 8923450 | 1773318 | — |
| 竣工 | 11397104 | 5802692 | 663446 | — |
| 运营 | 16050982 | 15030834 | — | 5531856 |

在2015年全省总计44090951万元的计划投资金额中，宁波计划投资金额为10649385万元，占比为24.15%；温州计划投资金额为9825618万元，占比

为22.28%；嘉兴计划投资金额为717949万元，占比为1.63%；舟山计划投资金额为14521091万元，占比为32.94%；台州计划投资金额为8376908万元，占比为19.00%。浙江省主要沿海地市不同项目类型计划投资金额分布情况，如图4.1所示。

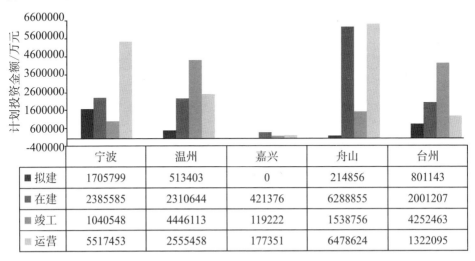

| | 宁波 | 温州 | 嘉兴 | 舟山 | 台州 |
|---|---|---|---|---|---|
| ■ 拟建 | 1705799 | 513403 | 0 | 214856 | 801143 |
| ■ 在建 | 2385585 | 2310644 | 421376 | 6288855 | 2001207 |
| ■ 竣工 | 1040548 | 4446113 | 119222 | 1538756 | 4252463 |
| ■ 运营 | 5517453 | 2555458 | 177351 | 6478624 | 1322095 |

**图4.1　浙江省主要沿海地市不同项目类型计划投资金额分布情况**

截至2015年，浙江省累计完成投资金额中，宁波累计完成投资金额为6989748万元，占比为23.49%；温州累计完成投资金额为4347156万元，占比为14.61%；嘉兴累计完成投资金额为764285万元，占比为2.57%；舟山累计完成投资金额为12982484万元，占比为43.63%；台州累计完成投资金额为4673297万元，占比为15.70%。浙江省主要沿海地市在建、竣工和运营等不同类型工程项目累计完成投资金额具体分布情况如图4.2所示。

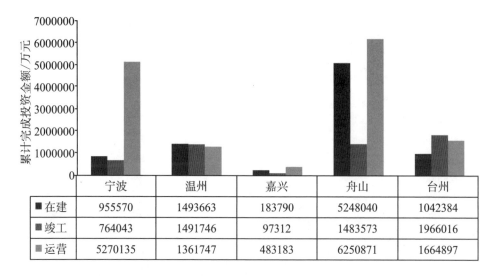

| | 宁波 | 温州 | 嘉兴 | 舟山 | 台州 |
|---|---|---|---|---|---|
| ■ 在建 | 955570 | 1493663 | 183790 | 5248040 | 1042384 |
| ■ 竣工 | 764043 | 1491746 | 97312 | 1483573 | 1966016 |
| ■ 运营 | 5270135 | 1361747 | 483183 | 6250871 | 1664897 |

**图4.2 浙江省主要沿海地市不同项目类型累计完成投资金额分布情况**

在2015年浙江省完成投资金额中，宁波完成投资金额为443315万元，占比为18.19%；温州完成投资金额为549616万元，占比为22.56%；嘉兴完成投资金额为135201万元，占比为5.55%；舟山完成投资金额为839351万元，占比为34.45%；台州完成投资金额为469279万元，占比为19.26%。浙江省主要沿海地市2015年在建和竣工项目完成投资金额分布情况如图4.3所示。

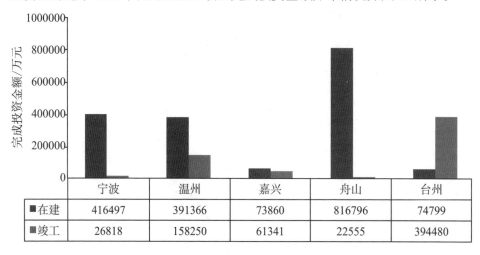

| | 宁波 | 温州 | 嘉兴 | 舟山 | 台州 |
|---|---|---|---|---|---|
| ■ 在建 | 416497 | 391366 | 73860 | 816796 | 74799 |
| ■ 竣工 | 26818 | 158250 | 61341 | 22555 | 394480 |

**图4.3 2015年浙江省主要沿海地市不同项目类型完成投资金额情况**

## 二、海洋工程项目运营情况

2015年，浙江省海洋工程项目运营产值总计5531856万元，其中：舟山和宁波的项目运营产值居前2位，项目运营产值分别为2172650万元和2167564万元，其占全省的比例均在39%以上；而嘉兴和台州的项目运营产值分别为202516万元和205288万元，占比均在4%以下。可见沿海地市项目运营产值分布相当不均。2015年浙江省主要沿海地市项目运营产值的分布情况如图4.4所示。

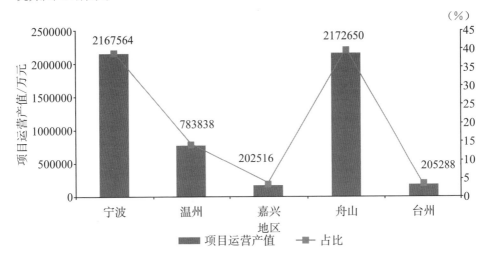

图4.4 2015年浙江省主要沿海地市项目运营产值的分布情况

## 三、海洋工程项目投资集约情况

海洋工程集约度是指单位用海面积上的投入，即投资总额与用海面积之比，用以反映资本投入在海洋工程建设上的集中情况。由于统计整理资料中海洋工程项目投资总额数据缺失和为零值的情况较多，且极少数海洋工程项目投资总额十分巨大，集约度的算术平均数不足以代表海洋工程集约度的一般水平。故而，在此选取更具稳健性的集约度非零的中位数，来代表某沿海地区海洋工程集约度的一般水平，用以反映该地区海洋工程项目建设投资的集约情况。

在《浙江省海域使用管理公报》《浙江省围填海空间格局分析》及浙江省沿海各地级市海洋环境公报等资料汇总整理的基础上，测算得到浙江省海洋工程集约度一般水平为448.24万元/公顷，高于该集约水平的有嘉兴（743.74万元/公顷）和舟山（543.18万元/公顷）海洋工程，宁波海洋工程集约度与浙江省一般水平持平，而温州（391.85万元/公顷）和台州（231.63万元/公顷）海洋工程集约度都明显低于浙江省海洋工程集约度一般水平，具体如图4.5所示。

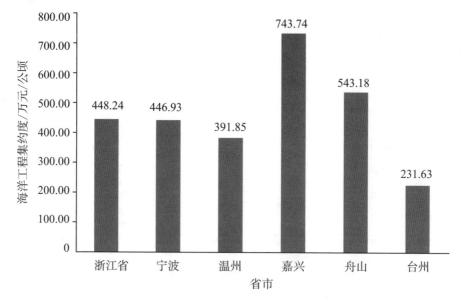

**图4.5　浙江省及主要沿海地市海洋工程集约度情况**

# 第二节｜浙江省围填海工程成本与收益分析

### 一、浙江省围海工程成本和收益分析

围海造陆可以分为2类：一类是与大陆的海岸线相连造陆，另一类是在孤悬浅海中形成人工岛。在与大陆相连的围海造陆中，包括2种滩涂围垦方式。第一种，在海岸线以外的滩涂上直接修筑堤坝、围垦滩涂；第二种，针对海港湾内部的沿岸滩涂，先在港湾口筑堤堵港，再在沿岸滩涂上筑堤围涂。2种围海造陆方式的选择，取决于当时当地的技术经济条件。

围海造田工程依其进程而言，主要包括工程前期的滩涂人工促淤工程、拦潮堤坝建设工程、挡潮排涝水闸工程及垦区内引水排灌等配套工程。其中，人工促淤工程分为生物促淤和工程促淤2类。生物促淤主要依靠种植红树林和大米草等植物，通过减缓水流以促进泥沙沉积；工程促淤则主要包括采用人工水草、网坝等的轻型促淤工程，以及采用抛石、筑丁坝等的重型促淤工程来实现泥沙的沉积。

围海造田的主体工程是建设拦潮堤坝。堤坝的高程、结构及断面形式由当地的地形地质条件、最高海潮位和海浪高度等因素决定，在海口堤坝处修筑挡潮闸门，以防潮水倒灌，并排除沥涝水盐，蓄积淡水。

实施滩涂垦区内的引水排灌等配套设施工程，主要目的是实现海水和淡水的分流。在工程实施过程中，可借助当地地形条件围筑海湾港口，建筑海岸滩涂水库和排灌工程，以解决灌溉水源及淡水养殖问题。通过在围堤内侧开挖截渗沟，以防止海水对垦区的渗透，加速土壤降盐和地下水淡化进程。针对新围垦的土地成陆时间短的问题，应及时采取土壤改良措施，以促使土壤熟化。

（一）围海工程成本分析

考虑到整理数据中各围海工程的成本数据和累计围海面积数据缺失及为零值的情况较多，单位面积围海成本的算术平均数不足以代表此类海洋工程成本的一般水平。故而，在此同样选取更具稳健性的去零值后的中位数，来反映某沿海地区围海工程成本的一般水平。

根据《浙江省海域使用管理公报》《浙江省围填海空间格局分析》及浙江省沿海各地市海洋环境公报等资料整理汇总，结果显示，浙江省有1219个单位统计过围海造地工程成本信息，其中单个围海造地工程成本最大值约为50亿元，中位数为195.00万元。进一步地分析围海工程项目单位面积围海成本，发现，浙江省1146个围海工程中单位面积围海成本最大值为201342.28元/平方米，去零值后的单位面积围海成本最小值为0.15元/平方米，去零值后的浙江省单位面积围海成本中位数为360.87元/平方米。浙江省主要沿海地市围海工程单位面积围海成本情况，如表4.2所示。

表4.2　浙江省主要沿海地市围海工程单位面积围海成本汇总表

| 地　区 | 单位面积围海成本(元/平方米) | | | | | 项目数 (个) |
|---|---|---|---|---|---|---|
| | 最大值 | 最小值 | 去零值后 的最小值 | 中位数 | 去零值后 的中位数 | |
| 浙江省 | 201342.28 | 0 | 0.15 | 223.41 | 360.87 | 1146 |
| 宁波 | 7453.20 | 0 | 0.36 | 0.00 | 124.83 | 231 |
| 温州 | 4545.87 | 0 | 0.44 | 150.10 | 163.40 | 98 |
| 嘉兴 | 107345.28 | 0 | 4.40 | 778.34 | 839.91 | 17 |
| 舟山 | 201342.28 | 0 | 0.15 | 478.49 | 511.54 | 635 |
| 台州 | 20178.01 | 0 | 1.67 | 200.00 | 290.33 | 165 |

（二）围海工程收益分析

统计数据显示，2015年，浙江省围海养殖项目收益为69697.00万元，纳税额为3123.21万元（其中嘉兴数据缺失）。宁波围海养殖项目年收益为20888.00万元，纳税额为1037.96万元；温州围海养殖项目年收益为24195.00万元，纳税额为586.36万元；舟山围海养殖项目年收益为23688.00万元，纳税额为1477.80万元；台州围海养殖项目年收益为926.00万元，纳税额为21.09万元（见图4.6）。由此可以看出，舟山围海养殖项目年收益虽然与宁波和温州相差无几，但其纳税额占整个浙江省的份额最高，达47.32％。

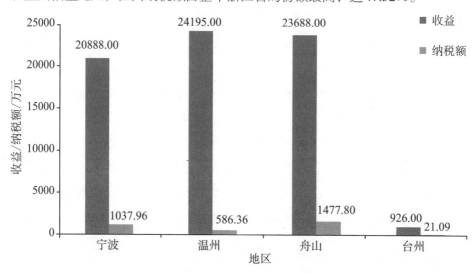

图4.6　浙江省主要沿海地市围海养殖项目收益、纳税额情况

## 二、浙江省填海工程成本和收益分析

填海造地作为海岸带资源开发利用的主要方式，在很大程度上缓解了沿海地区人多地少的矛盾，扩大了社会经济发展空间。但填海造地将海洋变成陆地，彻底改变了海域自然属性，对海洋资源与环境产生了较大的影响，使海岸带生态系统服务功能减弱或消失，造成海域资源的一次性折耗。

填海成本是指填海工程实施所需要支付的相关费用，主要由前期勘察费用、工程成本、拆迁补偿费用、渔业资源补偿费用、生态服务价值损失费用和海域使用金构成，而单位面积填海成本则反映填海工程的投入强度。鉴于整理数据中各填海工程的成本数据和累计填海面积数据缺失及为零值的情况也较多，单位面积填海成本的算术平均数不足以代表此类海洋工程成本的一般水平，故选取更具稳健性的去零值后的中位数，来反映代表沿海地区填海工程成本的一般水平。

（一）填海工程成本分析

根据《浙江省海域使用管理公报》《浙江省围填海空间格局分析》及浙江省沿海各地市海洋环境公报等资料进行整理分析，发现在浙江省618个填海工程中，单位面积填海成本最高为103965.54元/平方米，去零值后的单位面积填海成本最低为0.51元/平方米，去除零值后的浙江省单位面积填海成本中位数为223.88元/平方米。

从空间角度进一步分析浙江省主要沿海地市填海工程单位面积成本，如表4.3所示。从表中可以看出，去零值后的中位数中，嘉兴（1090.29元/平方米）和舟山（300.00元/平方米）的单位面积填海成本要远高于浙江省的单位面积填海成本（223.88元/平方米）；台州（90.00元/平方米）和宁波（155.98元/平方米）则比浙江省的单位面积填海成本要低；而温州（245.00元/平方米）与浙江省的单位面积填海成本基本持平。

表4.3 浙江省及其主要沿海地市填海工程单位面积填海成本汇总表

| 地 区 | 单位面积填海成本(元/平方米) | | | | | 项目数(个) |
|---|---|---|---|---|---|---|
| | 最大值 | 最小值 | 去零值后的最小值 | 中位数 | 去零值后的中位数 | |
| 浙江省 | 103965.54 | 0 | 0.51 | 150.00 | 223.88 | 618 |

续　表

| 地　区 | 单位面积填海成本(元/平方米) | | | | | 项目数(个) |
|---|---|---|---|---|---|---|
| | 最大值 | 最小值 | 去零值后的最小值 | 中位数 | 去零值后的中位数 | |
| 宁波 | 7594.11 | 0 | 2.95 | 22.00 | 155.98 | 120 |
| 温州 | 3231.42 | 0 | 7.50 | 233.63 | 245.00 | 194 |
| 嘉兴 | 3132.83 | 0.51 | 0.51 | 1090.29 | 1090.29 | 6 |
| 舟山 | 103965.54 | 0 | 15.82 | 67.19 | 300.00 | 130 |
| 台州 | 6268.66 | 0 | 0.76 | 89.96 | 90.00 | 168 |

（二）填海工程收益分析

统计数据显示，截至2015年，浙江省填海形成的土地面积为7303.22公顷。其中，已经换发土地证的项目累计完成面积为3335.97公顷，占所有形成土地面积的45.68%；闲置未进行建设的实体项目累计完成面积为499.79公顷，占所有形成土地面积的6.84%；正在进行建设的实体项目累计完成面积为2012.39公顷，占所有形成土地面积的27.55%；投产运营的实体项目累计完成面积为1003.78公顷，占所有形成土地面积的13.74%；而已经停产闲置的实体项目累计完成面积为451.29公顷，仅占所有形成土地面积的6.19%（详见表4.4和图4.7）。

表4.4　浙江省填海成陆后的开发状态情况表（截至2015年）

| 填海形成陆域后的开发状态 | 数量(个) | 面积(公顷) | 累计完成面积(公顷) |
|---|---|---|---|
| 已经换发土地证 | 173 | 3428.47 | 3335.97 |
| 闲置未进行实体项目建设 | 21 | 499.79 | 499.79 |
| 正在进行实体项目建设 | 42 | 2528.56 | 2012.39 |
| 实体项目投产运营 | 93 | 1019.49 | 1003.78 |
| 实体项目停产闲置 | 6 | 451.29 | 451.29 |

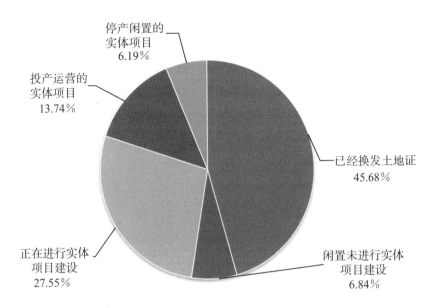

停产闲置的
实体项目
6.19%

投产运营的
实体项目
13.74%

已经换发土地证
45.68%

正在进行实体
项目建设
27.55%

闲置未进行实体
项目建设
6.84%

图4.7 各开发状态下形成的土地面积占比情况

# 第三节 ｜ 浙江省海洋工程建设经济效益区域差异

　　本节从浙江省主要沿海地市海洋工程项目的经济效益出发，考察海洋工程项目相关效益的总体集聚水平与差距状况。首先要考虑的是用何种指标来反映海洋工程项目的效益，以及采用什么方法来测度主要沿海地市相关效益的总体集聚水平问题。从经济学角度来看，一般情况下，工程项目的效益往往可以通过工程的投资和建成项目的运营产出情况来反映，故本节采用海洋工程项目投资额、累计完成投资额及项目产值等作为基本测度指标。

## 一、测度方法

　　变异系数（Coefficient of Variation，CV）和基尼系数是衡量区域相对差异常用的方法。（刘海楠，2011；盖美等，2016）其中，变异系数又称为标准差率或离散系数，它是衡量区域相对差异常用的方法，用于衡量某个变量偏离均值的相对差异。该系数是无量纲的，故而适合在不同单位水平下测度变量

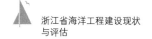 
的分布状况。

若涉及 $n$ 个地区海洋工程项目，而 $p_1$，$p_2$，…，$p_n$ 表示各地市的海洋工程项目经济效益指标，则相应的经济效益变异系数的计算公式为：

$$\text{CV}=\frac{s}{\bar{p}}=\sqrt{\frac{1}{n}\cdot\sum_{i=1}^{n}(p_i-\bar{p})}\Big/\bar{p} \qquad (4-1)$$

公式中，$s$ 为标准差，$\bar{p}$ 为经济效益均值。

基尼系数最初是用于测度收入不平等的主要指标，在此我们用以分析浙江省海洋工程项目的经济效益分布的不均衡状况。同样地，若涉及 $n$ 个地区的海洋工程项目，将各地区的经济效益指标值按从小到大依次排列，记 $P_i$ 为第 $i$ 个地区的经济效益指标，$S$ 为这 $n$ 个地区经济效益指标之和，$T$ 是各地区经济效益指标差值的绝对值总和，那么反映海洋工程项目经济效益区域极化或均衡程度的基尼系数可通过下式加以计算：

$$G=\frac{T}{2\,(n-1)\,S} \qquad (4-2)$$

## 二、测算结果

结合上述变异系数和基尼系数指标的计算公式，对经过整理汇总得到的浙江省主要沿海地市的海洋工程项目计划投资额、累计完成投资额及项目运营产值等经济指标进行区域差异分析，结果汇总如表4.5和表4.6所示。

表4.5　浙江省海洋工程项目投资额及运营产值的变异系数测算结果

| 类 型 | 拟 建 | 在 建 | 竣 工 | 运 营 | 类型合计 |
|---|---|---|---|---|---|
| 计划投资金额变异系数 | 91.90% | 72.33% | 76.84% | 75.28% | 51.39% |
| 累计完成投资金额变异系数 | — | 99.86% | 56.51% | 76.61% | 67.89% |
| 2015年完成投资金额变异系数 | — | 77.31% | 105.30% | — | 46.25% |
| 2015年项目运营产值变异系数 | — | — | — | 80.80% | — |

注：表中结果是在《浙江省海域使用管理公报》《浙江省围填海空间格局分析》及浙江省沿海各地市海洋环境公报等资料整理汇总的基础上，基于变异系数公式（4-1）计算得到。

由表4.5可知，浙江省主要沿海地市海洋工程项目计划投资金额所有类型合计的变异系数为51.39％，比各个分类型的计划投资金额变异系数都要小，说明该经济指标总的离散程度稍弱；而海洋工程项目计划投资金额变异系数中最大的是拟建项目的91.90%，说明拟建项目计划投资金额具有较大的不确定性，离散程度较强。

浙江省主要沿海地市海洋工程项目累计完成投资金额变异系数最大的是在建海洋工程项目（99.86%），其大于运营工程项目的76.61%和竣工工程项目的56.51%，而主要沿海地市累计完成投资金额所有类型合计的变异系数为67.89%，表明其离散程度稍强。

浙江省主要沿海地市海洋工程项目2015年完成投资金额变异系数最大的是已经竣工项目，达到了105.30%，而主要沿海地市2015年完成投资金额所有类型合计的变异系数为46.25%，表明其离散程度较计划投资金额和累计完成投资金额都要低。此外，2015年浙江省主要沿海地市海洋工程项目2015年项目运营产值的变异系数为80.80%，可见主要地市运营项目产值的离散程度较强。

**表4.6　浙江省海洋工程项目投资额及运营产值的基尼系数测度结果**

| 类　型 | 拟　建 | 在　建 | 竣　工 | 运　营 | 类型合计 |
|---|---|---|---|---|---|
| 计划投资金额的基尼系数 | 0.6179 | 0.4520 | 0.5206 | 0.5233 | 0.3388 |
| 累计完成投资金额的基尼系数 | — | 0.5977 | 0.3847 | 0.5137 | 0.4550 |
| 2015年完成投资金额的基尼系数 | | 0.5153 | 0.6597 | — | 0.3108 |
| 2015年项目运营产值的基尼系数 | — | — | — | 0.5335 | |

注：表中结果是在《浙江省海域使用管理公报》《浙江省围填海空间格局分析》及浙江省沿海各地市海洋环境公报等资料整理汇总的基础上，基于基尼系数公式（4-2）计算得到。

由表4.6可知，从项目分类型的角度来看，浙江省主要沿海地市海洋工程项目计划投资金额基尼系数最大的是拟建项目，达到了0.6179，表明浙江省主要沿海地市拟建海洋工程项目的计划投资金额相差悬殊。浙江省主要沿海地市海洋工程项目中的在建类和运营类的项目，其累计完成投资金额基尼系数均超过了0.4这一公认的差距较大的门槛。2015年，浙江省主要沿海地市海洋工程项目中"在建"和"竣工"的项目的2015年完成投资金额基尼系数，也全部超过了0.5的水平，表明2015年完成投资金额在浙江省主要沿海地市中的分布也极为不均。同时，主要沿海地市在运营的海洋工程项目2015年项目运营产值的基尼系数结果，说明主要沿海地市海洋工程运营效益极不均衡。

## 三、小结与建议

本节分析发现，浙江省海洋工程项目经济指标在主要沿海地市差异较大，其空间分布极不均衡。尤其需要说明的是，浙江省主要地市拟建项目计划投资金额的基尼系数偏大，表明浙江省主要沿海地市对于海洋工程项目的远期投资不均。这一方面与当地沿海地理位置条件有关，另一方面从侧面反映出主要沿海地市对于海洋经济发展的重视程度不一。

基于上述研究结论，为了促进浙江省海洋经济发展战略的合理优化，需要中央或省级层面政府部门通过出台扶持政策等方式，引导资金投入到那些资金较为匮乏的地区进行海洋工程建设，这无疑将有利于形成更加合理的海洋经济战略空间布局。

第五章
浙江省海洋工程建设与经济
发展关系研究

海洋资源开发是具有战略意义的新兴领域,有着巨大的潜力。而浙江省作为海洋大省,海域资源丰富,是我国海岸线最长、海岛最多的省份。因此海洋资源开发对浙江省经济发展的意义不言而喻。

海洋工程以开发、利用、保护、恢复海洋资源为目的,是海洋开发利用的物质和技术基础,因而在海洋经济中发挥着重要的支撑作用,且已成为沿海区域经济发展的重要支柱。科学评价海洋工程项目建设与区域经济发展的相关关系,分析海洋工程项目建设在投资、就业等方面对区域经济发展中发挥的作用,有助于相关决策者了解和认识海洋工程项目建设在区域经济发展中的地位,进而科学把握海洋工程建设的水平和潜力及趋势。

鉴于此,本章将汇总整理《浙江省海洋资源环境发展报告》《浙江自然资源与环境统计年鉴》《中国海洋工程年鉴》等数据,并结合历年浙江省社会经济统计数据及相关海洋经济统计资料,运用灰色系统理论中的灰色关联分析、灰色预测及曲线拟合方法等,分析海洋工程项目建设与浙江省经济发展的互动关系,测算海洋工程相关产业对经济发展的贡献,探讨海洋工程建筑业对海洋经济的贡献与关联状况,以期为相关政府部门科学规划海洋工程项目提出合理化建议。

# 第一节 │ 浙江省海洋工程项目建设与经济发展关系分析

本节主要通过运用灰色系统理论中的灰色关联分析方法,测度在建海洋工程项目、已竣工海洋工程项目和海洋工程项目运营情况与浙江省经济发展的互动关系,并分析灰色关联度的变化趋势。

## 一、分析方法与模型

结合2011—2017年《浙江省海洋资源环境发展报告》《浙江自然资源与环境统计年鉴》《中国海洋工程年鉴》等数据,本节采用灰色关联分析方法,从在建海洋工程项目、已竣工海洋工程项目和海洋工程项目运营情况3个视角,对海洋工程项目建设的数量、总投资额、新增固定资产投资、完成用海面积与完成围填海面积、就业人数等指标与浙江省生产总值的互动关系分别展开研究。其中,灰色关联分析的本质是数据序列曲线间几何形状的分析比较,几何形状越相似,则发展态势就越接近,关联程度也越大,反之就越小。(罗党等,2005)

灰色关联分析基本步骤如下:

第一步,构造参考序列。所谓参考序列,是指由评价指标体系各指标的标准值所构成的一个序列,是作为判断被评价对象价值水平的一个参照系,可以视为一个虚拟的被评价单位,通常是由样本指标中的极值构成参考序列。若第 $i$ 个单位 $p$ 项指标的实际值序列为:

$$x_i = (x_{i1} \ x_{i2} \ x_{i3} \ \cdots \ x_{ip}) \ (i=1, \ 2, \ \cdots, \ n) \tag{5-1}$$

则参考序列记为:

$$x_0 = (x_{01} \ x_{02} \ x_{03} \ \cdots \ x_{0p}) \tag{5-2}$$

式中,标准值 $x_{0j}$ $(j=1, \ 2, \ \cdots, \ p)$ 通常是取该项指标的最优值(理想值或者最大目标值)。

第二步,对指标进行无量纲化处理。目前该方法中较多的是采用均值化。把经过无量纲化处理的各序列记为: $x_i^*$ $(i=1, \ 2, \ \cdots, \ n)$, $x_0^*$, $x_0^{(+)*}$, $x_i^*$。每一个评价对象与参考序列之间存在着偏差,于是可计算如下的序列差:

$$\Delta_{ik} = \left| x_{ik}^* - x_{0k}^* \right| \ (i=1, \ 2, \ \cdots, \ n; \ k=1, \ 2, \ \cdots, \ p) \tag{5-3}$$

记 $\Delta_i = (\Delta_{i1} \ \Delta_{i2} \ \cdots \ \Delta_{ip})$ $(i=1, \ 2, \ \cdots, \ n)$,它是样本单位实际价值水平离参考水平(通常是最优水平)的绝对距离序列。其为:

$$\Delta_i = \left| x_i^* - x_0^* \right| \ (i=1, \ 2, \ \cdots, \ n; \ k=1, \ 2, \ \cdots, \ p) \tag{5-4}$$

第三步,计算 $i$ 单位第 $k$ 项指标与参考序列相比较的关联系数 $\xi_i(k)$。其公式为:

$$\xi_i(k) = \frac{\Delta_{\min} + \rho \Delta_{\max}}{\Delta_{ik} + \rho \Delta_{\max}} \ (i=1, \ 2, \ \cdots, \ n; \ k=1, \ 2, \ \cdots, \ p) \tag{5-5}$$

式中, $\Delta_{\min}$ 与 $\Delta_{\max}$ 分别为所有单位所有指标与参考序列之间的绝对差距中的最小值与最大值; $\Delta_{ik}$ 为 $i$ 单位第 $k$ 项指标与参考序列之间的绝对差距; $\rho$ 为分辨系数, $0 \leqslant \rho \leqslant 1$,一般取 $\rho=0.5$。关联系数仍然是一个序列,第 $i$ 个单位与相应各参考序列的关联系数序列可分别记为:

$$\xi_i = [\xi_i(1) \quad \xi_i(2) \quad \cdots \quad \xi_i(p)] \quad (i=1, 2, \cdots, n) \tag{5-6}$$

$$\xi_i^{(+)} = [\xi_i^{(+)}(1) \quad \xi_i^{(+)}(2) \quad \cdots \quad \xi_i^{(+)}(p)] \quad (i=1, 2, \cdots, n) \tag{5-7}$$

$$\xi_i^{(-)} = [\xi_i^{(-)}(1) \quad \xi_i^{(-)}(2) \quad \cdots \quad \xi_i^{(-)}(p)] \quad (i=1, 2, \cdots, n) \tag{5-8}$$

可见，$\xi_i(k)$ 与 $\Delta_{ik}$ 成反比：$i$ 单位与参考序列水平越接近，$\Delta_{ik}$ 越小，但 $\xi_i(k)$ 越大。

第四步，根据关联系数序列，计算关联度 $\gamma_i$。关联系数序列反映了一个评价对象在各单项指标上偏离"目标"的相对程度，其信息过于分散，不便于进行整体性比较，有必要将这些关联系数统计综合（合成）为一个值，可获得对整个序列关联程度的综合测量，即灰色关联度。由于不同指标在评价体系中的作用不同，关联度也可以通过加权的方式计算。关联度通常采用算术平均方式获得。其为：

$$\gamma_i = \sum_{k=1}^{p} \xi_i(k) w_k \quad (i=1, 2, \cdots, n) \tag{5-9}$$

即将第 $i$ 单位全部指标的关联系数进行加权平均，得到灰色关联度。其中，权数 $w_k$ 是指标 $k$ 的重要性权重。

## 二、测算结果及解读

以 2011 年各指标值为参照序列，运用灰色关联分析方法考察海洋工程项目总数、投资额等 12 个有关海洋工程项目建设和运营情况的指标值与浙江省生产总值之间的灰色关联系数和关联程度，从而得到表 5.1。

表 5.1　2011—2017 年灰色关联系数及关联度分析结果

| 工程类型 | 变 量 | $\xi_i(k)$ | | | | | | | $\gamma_i$ |
|---|---|---|---|---|---|---|---|---|---|
| | | 2011年 | 2012年 | 2013年 | 2014年 | 2015年 | 2016年 | 2017年 | |
| 在建工程情况 | 项目总数 | 1.00 | 0.33 | 0.51 | 0.74 | 0.53 | 0.75 | 0.76 | 0.66 |
| | 总投资额 | 1.00 | 0.37 | 0.33 | 0.94 | 0.71 | 0.65 | 0.58 | 0.65 |
| | 完成用海面积 | 1.00 | 0.92 | 0.85 | 0.39 | 0.37 | 0.34 | 0.33 | 0.60 |
| | 完成围填海总面积 | 1.00 | 0.77 | 0.81 | 0.37 | 0.38 | 0.33 | 0.34 | 0.57 |
| 已竣工工程情况 | 项目总数 | 1.00 | 0.71 | 0.87 | 0.72 | 0.86 | 0.52 | 0.33 | 0.72 |
| | 总投资额 | 1.00 | 0.72 | 0.57 | 0.50 | 0.93 | 0.33 | 0.89 | 0.71 |
| | 完成用海面积 | 1.00 | 0.44 | 0.42 | 0.39 | 0.37 | 0.33 | 0.39 | 0.48 |
| | 完成围填海总面积 | 1.00 | 0.48 | 0.42 | 0.40 | 0.37 | 0.33 | 0.42 | 0.49 |

| 工程类型 | 变　量 | $\xi_i(k)$ | | | | | | | $\gamma_i$ |
|---|---|---|---|---|---|---|---|---|---|
| | | 2011年 | 2012年 | 2013年 | 2014年 | 2015年 | 2016年 | 2017年 | |
| 工程运营情况 | 项目总数 | 1.00 | 0.78 | 0.45 | 0.39 | 0.33 | 0.39 | 0.45 | 0.54 |
| | 新增固定资产投资 | 1.00 | 0.44 | 0.46 | 0.39 | 0.80 | 0.35 | 0.33 | 0.54 |
| | 就业人数 | 1.00 | 0.33 | 0.43 | 0.85 | 0.43 | 0.57 | 0.36 | 0.57 |
| | 年生产总值 | 1.00 | 0.36 | 0.39 | 0.52 | 0.73 | 0.94 | 0.33 | 0.61 |

注：计算时取分辨系数 $\rho=5$。

由表5.1可知，在建海洋工程项目情况与浙江省生产总值的灰色关联度分别为 $\gamma_{11}=0.66$，$\gamma_{12}=0.65$，$\gamma_{13}=0.60$，$\gamma_{14}=0.57$，衡量在建海洋工程项目情况的4个指标与浙江省生产总值的关联程度，从大到小依次为项目总数＞总投资额＞完成用海面积＞完成围填海总面积。

类似地，对衡量已竣工海洋工程项目情况的4个指标与浙江省生产总值进行灰色关联度分析，得到的结果分别为 $\gamma_{21}=0.72$，$\gamma_{22}=0.71$，$\gamma_{23}=0.48$，$\gamma_{24}=0.49$，从大到小排序依次为项目总数＞总投资额＞完成围填海总面积＞完成用海面积。

最后，对衡量已建成的海洋工程项目运营情况的4个指标与浙江省生产总值进行灰色关联度分析，得到的结果分别为 $\gamma_{31}=0.54$，$\gamma_{32}=0.54$，$\gamma_{33}=0.57$，$\gamma_{34}=0.61$。上述4个指标即关联数列与浙江省生产总值即参考序列的灰色关联度，从大到小排序依次为 $\gamma_{34}>\gamma_{33}>\gamma_{31}=\gamma_{32}$。由此可见，海洋工程建设年生产总值与浙江省经济生产总值的灰色关联度最大，就业人数次之，而项目总数和新增固定资产投资与浙江省生产总值的灰色关联度最小。

分析在建海洋工程与浙江省生产总值灰色关联度的历年变化趋势，得到图5.1。由图可知，2012—2017年，浙江省生产总值与在建海洋工程的完成用海面积和完成围填海总面积的灰色关联度整体呈下降趋势，尤其在2013—2014年呈现大幅下降；与项目总数的灰色关联度整体呈现上升趋势，2015年相比2014年略有下降；与总投资额的灰色关联度则呈先下降再上升再下降的趋势。浙江省生产总值与以上指标的灰色关联度的变化趋势表明，在建海洋工程项目数量和总投资额的增加整体促进浙江省经济发展，而那几年，浙江省经济发展速度和海洋经济对围填海的依赖程度逐渐下降。

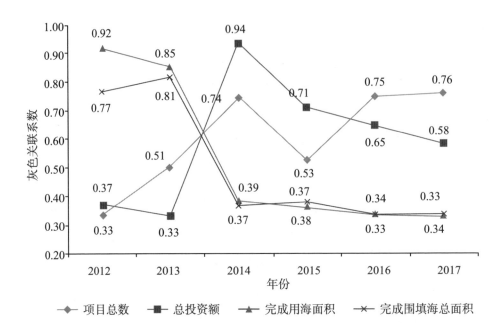

**图5.1  2012—2017年在建海洋工程情况与经济发展的灰色关联度**

图5.2为2012—2017年已竣工海洋工程与浙江省生产总值灰色关联度的变化趋势图。从中可以看出，2012—2014年，浙江省生产总值与总投资额的灰色关联度呈下降趋势，但2015年和2017年灰色关联度高达0.93和0.89；与完成用海面积和完成围填海总面积的灰色关联度相对较低，介于0.30—0.50之间，并且整体呈逐步下降趋势，2017年略有上升。

图5.3是2012—2017年海洋工程运行情况与浙江省生产总值灰色关联度的变化趋势图。从中可以看出，浙江省生产总值与运营项目总数的灰色关联度整体呈下降趋势，2015年以来略有回升；与就业人数的灰色关联度基本维持稳定，在0.40—0.60之间，在2014年灰色关联度系数达到0.85，体现出2014年海洋工程运营引起的就业对浙江省经济发展的带动作用；类似于就业人数，海洋工程运行新增固定资产投资与浙江省生产总值的灰色关联度整体呈微势下降，但在2015年出现震荡，高达0.80；而在运行的海洋工程年生产总值与浙江省生产总值灰色关联度在2012—2016年呈持续上升趋势，2017年有大幅下降。

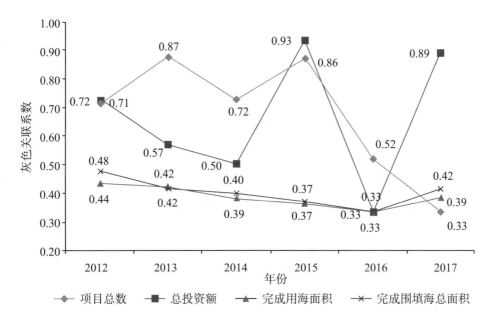

图5.2　2012—2017年已竣工海洋工程情况与经济发展的灰色关联度

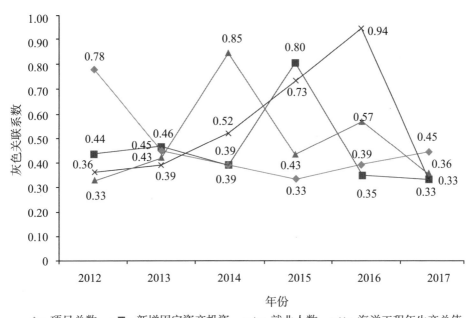

图5.3　2012—2017年海洋工程运行情况与经济发展的灰色关联度

## 三、小结与建议

上述分析结果表明,浙江省海洋工程项目建设和运行与浙江省经济发展呈现良好的互动关系,同时对用海面积和围填海面积的依赖性也逐步降低。

"十二五"时期,浙江省海洋经济总体保持良好发展态势,结构调整步伐加快,浙江省海洋工程项目建设在拓展发展空间、建设生态文明、加快动力转换、保持经济持续增长中发挥了重要作用。"十三五"时期是海洋经济结构深度调整、发展方式加快转变的关键时期,浙江省应充分利用沿海各地区已经形成的较为完备的技术体系、制造体系和服务配套体系,紧紧抓住"一带一路"建设的重大机遇,加强技术创新能力建设,提升海洋工程建设管理水平,加大科研投入力度,推进海洋经济持续健康发展。

# 第二节 | 浙江省海洋工程相关产业对经济发展的贡献度分析

本节以《浙江省海洋资源环境发展报告》《浙江自然资源与环境统计年鉴》《中国海洋工程年鉴》等数据为基础,结合浙江省沿海地区社会经济发展现状,首先,分别运用二次曲线拟合、一元回归或灰色理论模型对各地区海洋工程相关产业[①]的产出水平、区域海洋经济和区域经济生产总值进行拟合预测;其次,基于直接贡献度这一统计指标,测算各沿海地市的海洋工程相关产业对当地经济发展的贡献度;最后,在预测的基础上,横向对比各地区海洋工程相关产业贡献度的差异,从中寻找造成差异的原因,并总结提升贡献度、缩小地区差异的相应建议。

## 一、模型与方法

对地区海洋工程相关产业生产总值和地区经济生产总值的预测方法,通常有二次曲线拟合法、一元线性回归、幂函数、灰色预测方法等。结合通过历年海洋统计报表所获取的相应数据,本节采用上述方法对浙江省主要沿海

---

[①] 包括海洋工程建筑业、海洋设备制造业、涉海建筑与安装业。

地市海洋工程相关产业生产总值和地区经济生产总值进行预测。

幂函数、一元线性回归和二次曲线拟合的表达式依次如下：

$$y = \alpha_0 t^\beta \tag{5-10}$$

$$y = \alpha_0 + \alpha_1 t \tag{5-11}$$

$$y = \alpha_0 + \alpha_1 t + \alpha_2 t^2 \tag{5-12}$$

而灰色预测是基于灰色系统理论所提出的预测方法。灰色系统理论以具有"部分信息已知，部分信息未知"的"小样本""贫信息"的不确定性系统为研究对象，通过研究整体的变化规律来建构动态预测模型。其基本思想是根据序列曲线几何形状的相似程度来判断序列间的联系是否紧密。序列曲线越接近，相应序列间的关联度就越大；反之，就越小。（袁剑等，2020）

$GM$（1，$N$）灰色微分预测模型，是描述多元（多变量）一阶线性动态模型，基于随机的原始动态时间序列，经按时间累加后所形成的新的时间序列，可用一阶线性微分方程的解来逼近。（刘思峰等，2013）实践证明，灰色模型、$GM$（1，$N$）用于短期预测时，一般能取得较高的精度。其基本步骤如下：

对于 $n$ 个变量，如果每个变量都有 $m$ 个观测单位，则第 $i$ 个变量的 $m$ 个观测单位的数据可表示为数列 $x_i^{(0)}$，公式为：

$$x_i^{(0)} = \left\{ x_i^{(0)}(1), x_i^{(0)}(2), \cdots, x_i^{(0)}(m) \right\} (i=1, 2, \cdots, n) \tag{5-13}$$

第一步，计算累加数列 $x_i^{(1)}$。利用数列 $x_i^{(0)}$ 进行累加计算，数列中第 $j$ 个单位的计算公式可表示为：

$$x_i^{(0)}(j) = \sum_{k=1}^{i} x_i^{(0)}(k) = x_i^{(1)}(j-1) + x_i^{(0)}(j) (i=1, 2, \cdots, n) \tag{5-14}$$

那么得到的累加数列 $x_i^{(1)}$ 可表示为：

$$x_i^{(1)} = \left\{ x_i^{(1)}(1), x_i^{(1)}(2), \cdots, x_i^{(1)}(m) \right\} (i=1, 2, \cdots, n) \tag{5-15}$$

第二步，针对 $n$ 个累加数列 $x_i^{(1)}$，分别建立微分方程。以 $x_1^{(1)}$ 为例，可表示为：

$$\frac{dx_1^{(1)}}{dt} + a x_1^{(1)} = b_1 x_2^{(1)} + b_2 x_3^{(1)} + \cdots + b_{n-1} x_n^{(1)} \tag{5-16}$$

第三步，估计灰参数向量 $\hat{\boldsymbol{\alpha}}$。采用最小二乘法估计，则有：

$$\hat{\boldsymbol{\alpha}} = (a, b_1, \cdots, b_{n-1})^T = (\boldsymbol{B}^T\boldsymbol{B})^{-1}\boldsymbol{B}^T\boldsymbol{Y}_M \tag{5-17}$$

其中，

$$\boldsymbol{B} = \begin{bmatrix} -\frac{1}{2}(x_1^{(1)}(2)+x_1^1(1)) & x_2^{(1)}(2) & \cdots & x_N^{(1)}(2) \\ -\frac{1}{2}(x_1^{(1)}(3)+x_1^1(2)) & x_2^{(1)}(3) & \cdots & x_N^{(1)}(3) \\ \vdots & \vdots & \vdots & \vdots \\ -\frac{1}{2}(x_1^{(1)}(M)+x_1^1(M-1)) & x_2^{(1)}(M) & \cdots & x_N^{(1)}(M) \end{bmatrix}$$

$$\boldsymbol{Y}_M = [x_1^{(0)}(2), x_1^{(0)}(3), \cdots, x_1^{(0)}(M)]^T$$

第四步，将灰参数向量 $\hat{\boldsymbol{\alpha}}$ 代入式（5-16），可得 $GM(1, N)$ 模型，可表示为：

$$\hat{x}^{(1)}(t+1) = [x^{(0)}(1) - \sum_{i=1}^{N}\frac{b_i-1}{a}x_i^1(t+1)]e^{-at} + \sum_{i=1}^{N}\frac{b_i-1}{a}x_i^{(1)}(t+1) \tag{5-18}$$

第五步，计算 $x_i^{(0)}$ 的模拟值 $\hat{x}_i^{(0)}$。采用 $\hat{x}_i^{(1)}$ 做累减，公式表示为：

$$\hat{x}_i^{(0)}(t) = x_i^{(1)}(t) - x_i^{(1)}(t-1) \quad (t=2, 3, \cdots, m) \tag{5-19}$$

## 二、模型估计与指标测算

根据《浙江省海洋资源环境发展报告》《浙江自然资源与环境统计年鉴》《中国海洋工程年鉴》及浙江省各地市历年统计年鉴等资料，查找浙江省主要沿海地市海洋工程相关产业生产总值和经济生产总值数据，再基于上述模型对主要沿海地市海洋工程相关产业生产总值及与地区海洋经济生产总值之间的关系进行拟合，从而得到表5.2和表5.3的参数拟合结果。

表5.2 区域海洋工程相关产业生产总值混合模型参数

| 地 区 | 二次曲线 | | | 一元线性回归 | | 幂函数 | | 灰色预测 | |
| --- | --- | --- | --- | --- | --- | --- | --- | --- | --- |
| | $\alpha_0$ | $\alpha_1$ | $\alpha_2$ | $\alpha_0$ | $\alpha_1$ | $\ln\alpha_0$ | $\beta$ | $a$ | $b$ |
| 浙江省 | 724.3 | 43.0 | 2.3 | 708.2 | 56.8 | 6.6 | 0.2 | −0.1 | 61.2 |
| 杭州 | 57.8 | 3.7 | 0.1 | 57.1 | 4.3 | 4.1 | 0.2 | −0.1 | 157.5 |
| 宁波 | 156.7 | 4.3 | 1.5 | 146.5 | 12.9 | 5.1 | 0.2 | −0.1 | 79.9 |
| 温州 | 127.9 | 9.0 | 0.4 | 125.1 | 11.4 | 4.9 | 0.2 | 0.0 | 54.7 |

续　表

| 地　区 | 二次曲线 | | | 一元线性回归 | | 幂函数 | | 灰色预测 | |
|---|---|---|---|---|---|---|---|---|---|
| | $\alpha_0$ | $\alpha_1$ | $\alpha_2$ | $\alpha_0$ | $\alpha_1$ | $\ln\alpha_0$ | $\beta$ | $a$ | $b$ |
| 嘉兴 | 61.6 | −3.9 | 0.9 | 55.1 | 1.6 | 4.0 | 0.1 | −0.1 | 134.0 |
| 绍兴 | 72.4 | 7.9 | −0.4 | 74.8 | 5.8 | 4.4 | 0.2 | −0.1 | 104.5 |
| 舟山 | 85.6 | 14.9 | −0.7 | 90.4 | 10.8 | 4.6 | 0.2 | −0.1 | 84.8 |
| 台州 | 84.3 | 3.3 | 0.8 | 78.9 | 7.9 | 4.5 | 0.2 | −0.1 | 760.7 |

表5.3　区域经济生产总值混合模型参数

| 地　区 | 二次曲线 | | | 一元线性回归 | | 幂函数 | | 灰色预测 | |
|---|---|---|---|---|---|---|---|---|---|
| | $\alpha_0$ | $\alpha_1$ | $\alpha_2$ | $\alpha_0$ | $\alpha_1$ | $\ln\alpha_0$ | $\beta$ | $a$ | $b$ |
| 浙江省 | 22454.6 | — | 258.5 | 14816.8 | 3254.8 | 9.7 | 0.4 | −0.1 | 20346.0 |
| 杭州 | 3597.6 | 491.5 | 28.3 | 2862.3 | 830.9 | 8.2 | 0.5 | −0.1 | 4220.3 |
| 宁波 | 4168.2 | — | 49.2 | 2704.5 | 620.8 | 8.0 | 0.5 | −0.1 | 3795.1 |
| 温州 | 2466.8 | — | 26.6 | 1692.7 | 332.8 | 7.5 | 0.4 | −0.1 | 2205.4 |
| 嘉兴 | 1875.7 | — | 21.4 | 1248.2 | 268.7 | 7.2 | 0.4 | −0.1 | 1692.4 |
| 绍兴 | 2371.3 | — | 25.4 | 1594.5 | 324.2 | 7.4 | 0.4 | −0.1 | 2167.5 |
| 舟山 | 519.9 | — | 6.9 | 310.9 | 87.7 | 5.9 | 0.5 | −0.1 | 481.8 |
| 台州 | 1995.2 | — | 20.4 | 1403.3 | 254.9 | 7.3 | 0.4 | −0.1 | 1794.4 |

　　进一步地，基于上述模型拟合结果对浙江省及其主要沿海地市2018—2023年的海洋工程相关产业生产总值及地区经济生产总值进行预测，从而得到表5.4和表5.5的预测结果。

表5.4　区域海洋工程相关产业生产总值混合模型预测结果

单位：亿元

| 模　型 | 地　区 | 2018年 | 2019年 | 2020年 | 2021年 | 2022年 | 2023年 |
|---|---|---|---|---|---|---|---|
| 二次曲线 | 浙江省 | 1065.1 | 1138.0 | 1215.4 | 1297.5 | 1384.2 | 1475.4 |
| | 杭州 | 83.3 | 88.1 | 93.2 | 98.5 | 103.9 | 109.5 |
| | 宁波 | 234.3 | 257.3 | 283.3 | 312.1 | 343.9 | 378.5 |
| | 温州 | 196.4 | 210.7 | 225.8 | 241.7 | 258.5 | 276.1 |
| | 嘉兴 | 71.3 | 79.4 | 89.3 | 101.1 | 114.7 | 130.2 |
| | 绍兴 | 107.4 | 110.8 | 113.5 | 115.5 | 116.8 | 117.4 |
| | 舟山 | 150.7 | 156.8 | 161.5 | 165.0 | 167.0 | 167.8 |
| | 台州 | 131.6 | 144.8 | 159.5 | 175.7 | 193.5 | 212.8 |
| 一元线性回归 | 浙江省 | 1049.0 | 1105.8 | 1162.6 | 1219.4 | 1276.3 | 1333.1 |
| | 杭州 | 82.6 | 86.9 | 91.1 | 95.4 | 99.6 | 103.9 |
| | 宁波 | 224.2 | 237.1 | 250.0 | 263.0 | 275.9 | 288.9 |
| | 温州 | 193.5 | 205.0 | 216.4 | 227.8 | 239.2 | 250.6 |
| | 嘉兴 | 64.8 | 66.5 | 68.1 | 69.7 | 71.3 | 73.0 |
| | 绍兴 | 109.8 | 115.6 | 121.4 | 127.3 | 133.1 | 138.9 |
| | 舟山 | 155.4 | 166.2 | 177.1 | 187.9 | 198.7 | 209.6 |
| | 台州 | 126.2 | 134.1 | 142.0 | 149.9 | 157.8 | 165.7 |
| 幂函数 | 浙江省 | 998.7 | 1023.5 | 1045.4 | 1065.2 | 1083.2 | 1099.7 |
| | 杭州 | 78.9 | 80.7 | 82.4 | 83.9 | 85.2 | 86.4 |
| | 宁波 | 212.2 | 217.8 | 222.7 | 227.2 | 231.3 | 235.0 |
| | 温州 | 183.4 | 188.5 | 192.9 | 196.9 | 200.6 | 204.0 |
| | 嘉兴 | 62.8 | 63.3 | 63.8 | 64.2 | 64.6 | 65.0 |
| | 绍兴 | 104.9 | 107.4 | 109.7 | 111.8 | 113.7 | 115.4 |
| | 舟山 | 147.3 | 152.6 | 157.3 | 161.6 | 165.5 | 169.1 |
| | 台州 | 119.0 | 122.5 | 125.5 | 128.3 | 130.8 | 133.2 |
| 灰色预测 | 浙江省 | 1051.0 | 1114.9 | 1182.8 | 1254.8 | 1331.2 | 1412.2 |
| | 杭州 | 82.5 | 87.2 | 92.1 | 97.2 | 102.7 | 108.5 |
| | 宁波 | 225.7 | 241.0 | 257.4 | 274.8 | 293.5 | 313.4 |
| | 温州 | 195.4 | 209.3 | 224.2 | 240.1 | 257.2 | 275.5 |
| | 嘉兴 | 65.8 | 68.1 | 70.4 | 72.8 | 75.2 | 77.8 |
| | 绍兴 | 110.1 | 116.7 | 123.7 | 131.2 | 139.1 | 147.5 |
| | 舟山 | 153.8 | 165.3 | 177.5 | 190.7 | 204.8 | 220.0 |
| | 台州 | 128.0 | 137.9 | 148.7 | 160.2 | 172.7 | 186.1 |

表5.5　区域经济生产总值混合模型预测结果

单位：亿元

| 模型 | 地区 | 2018年 | 2019年 | 2020年 | 2021年 | 2022年 | 2023年 |
|---|---|---|---|---|---|---|---|
| 二次曲线 | 浙江省 | 59678.1 | 66140.6 | 73120.0 | 80616.4 | 88629.8 | 97160.2 |
| | 杭州 | 13567.9 | 14766.3 | 16021.4 | 17332.9 | 18701.1 | 20125.8 |
| | 宁波 | 11247.2 | 12476.2 | 13803.5 | 15229.1 | 16753.1 | 18375.4 |
| | 温州 | 6293.9 | 6958.3 | 7675.9 | 8446.6 | 9270.5 | 10147.5 |
| | 嘉兴 | 4957.7 | 5492.7 | 6070.6 | 6691.2 | 7354.7 | 8061.0 |
| | 绍兴 | 6029.3 | 6664.4 | 7350.2 | 8086.9 | 8874.4 | 9712.7 |
| | 舟山 | 1512.0 | 1684.2 | 1870.2 | 2070.0 | 2283.6 | 2511.0 |
| | 台州 | 4930.6 | 5440.2 | 5990.6 | 6581.7 | 7213.6 | 7886.3 |
| 一元线性回归 | 浙江省 | 53874.1 | 57128.9 | 60383.6 | 63638.4 | 66893.2 | 70147.9 |
| | 杭州 | 12832.6 | 13663.5 | 14494.3 | 15325.2 | 16156.1 | 16986.9 |
| | 宁波 | 10154.6 | 10775.4 | 11396.2 | 12017.1 | 12637.9 | 13258.7 |
| | 温州 | 5686.0 | 6018.7 | 6351.5 | 6684.3 | 7017.1 | 7349.8 |
| | 嘉兴 | 4472.2 | 4740.9 | 5009.6 | 5278.2 | 5546.9 | 5815.6 |
| | 绍兴 | 5485.1 | 5809.4 | 6133.6 | 6457.8 | 6782.0 | 7106.2 |
| | 舟山 | 1362.7 | 1450.2 | 1538.0 | 1625.7 | 1713.3 | 1801.0 |
| | 台州 | 4462.5 | 4717.4 | 4972.4 | 5227.3 | 5482.2 | 5737.2 |
| 幂函数 | 浙江省 | 48342.9 | 50064.1 | 51712.4 | 53295.6 | 54820.4 | 56292.5 |
| | 杭州 | 11305.8 | 11744.1 | 12165.0 | 12570.5 | 12962.0 | 13340.8 |
| | 宁波 | 9132.5 | 9467.6 | 9788.8 | 10097.6 | 10395.2 | 10682.6 |
| | 温州 | 5069.8 | 5236.4 | 5395.5 | 5548.0 | 5694.5 | 5835.7 |
| | 嘉兴 | 4003.9 | 4144.0 | 4278.1 | 4406.9 | 4530.8 | 4650.4 |
| | 绍兴 | 4955.3 | 5128.2 | 5293.7 | 5452.5 | 5605.4 | 5752.9 |
| | 舟山 | 1230.0 | 1280.3 | 1328.7 | 1375.3 | 1420.5 | 1464.2 |
| | 台州 | 3995.9 | 4122.9 | 4244.2 | 4360.2 | 4471.7 | 4578.9 |
| 灰色预测 | 浙江省 | 57326.0 | 62784.0 | 68762.0 | 75308.0 | 82478.0 | 90331.0 |
| | 杭州 | 14005.0 | 15554.0 | 17275.0 | 19187.0 | 21310.0 | 23668.0 |
| | 宁波 | 10803.0 | 11843.0 | 12984.0 | 14235.0 | 15607.0 | 17110.0 |
| | 温州 | 6053.1 | 6611.5 | 7221.4 | 7887.5 | 8615.1 | 9409.8 |
| | 嘉兴 | 4764.7 | 5217.4 | 5713.2 | 6256.0 | 6850.5 | 7501.4 |
| | 绍兴 | 5776.7 | 6296.4 | 6862.8 | 7480.2 | 8153.1 | 8886.6 |
| | 舟山 | 1453.4 | 1602.4 | 1766.5 | 1947.6 | 2147.1 | 2367.1 |
| | 台州 | 4728.5 | 5146.9 | 5602.4 | 6098.2 | 6637.9 | 7225.4 |

## 三、横向对比分析

利用直接贡献率这一指标，可以测算海洋工程项目产出对区域经济生产总值的直接贡献情况，其表达式为：直接贡献率＝海洋工程项目产出/GDP×100％。由此可以计算2019—2023年浙江省及其主要沿海地市海洋工程项目产出对区域经济的直接贡献情况（结果见表5.6），进而通过横向对比发现海洋工程项目建设经济贡献的空间分布特征。

表5.6　海洋工程相关产业对海洋经济的直接贡献率预测

单位：%

| 地　区 | 模　型 | 2019年 | 2020年 | 2021年 | 2022年 | 2023年 | 均　值 | 模型平均 |
|---|---|---|---|---|---|---|---|---|
| 浙江省 | 二次曲线 | 13.79 | 13.89 | 14.02 | 14.19 | 14.38 | 14.05 | 13.13 |
| | 一元线性 | 13.46 | 13.36 | 13.27 | 13.19 | 13.11 | 13.28 | |
| | 幂函数 | 14.30 | 14.11 | 13.92 | 13.73 | 13.55 | 13.92 | |
| | 灰色预测 | 12.15 | 11.69 | 11.24 | 10.81 | 10.39 | 11.25 | |
| 杭州 | 二次曲线 | 13.97 | 13.44 | 12.97 | 12.52 | 12.12 | 13.00 | 14.21 |
| | 一元线性 | 15.58 | 15.38 | 15.22 | 15.06 | 14.93 | 15.23 | |
| | 幂函数 | 17.04 | 16.79 | 16.54 | 16.28 | 16.04 | 16.54 | |
| | 灰色预测 | 13.47 | 12.73 | 12.02 | 11.37 | 10.75 | 12.07 | |
| 宁波 | 二次曲线 | 16.23 | 17.16 | 18.22 | 19.41 | 20.72 | 18.35 | 15.00 |
| | 一元线性 | 14.31 | 14.28 | 14.26 | 14.23 | 14.21 | 14.26 | |
| | 幂函数 | 14.82 | 14.66 | 14.50 | 14.34 | 14.18 | 14.50 | |
| | 灰色预测 | 13.44 | 13.16 | 12.87 | 12.60 | 12.34 | 12.88 | |
| 温州 | 二次曲线 | 19.02 | 18.94 | 18.87 | 18.83 | 18.80 | 18.89 | 19.17 |
| | 一元线性 | 19.74 | 19.73 | 19.73 | 19.72 | 19.72 | 19.73 | |
| | 幂函数 | 21.01 | 20.87 | 20.71 | 20.55 | 20.39 | 20.71 | |
| | 灰色预测 | 18.15 | 17.74 | 17.33 | 16.94 | 16.56 | 17.35 | |
| 嘉兴 | 二次曲线 | 12.70 | 13.31 | 14.08 | 14.96 | 15.93 | 14.20 | 11.40 |
| | 一元线性 | 11.18 | 10.82 | 10.51 | 10.23 | 9.98 | 10.54 | |
| | 幂函数 | 12.24 | 11.95 | 11.67 | 11.42 | 11.20 | 11.70 | |
| | 灰色预测 | 10.31 | 9.71 | 9.14 | 8.60 | 8.10 | 9.17 | |
| 绍兴 | 二次曲线 | 32.15 | 31.09 | 29.94 | 28.73 | 27.46 | 29.87 | 31.93 |
| | 一元线性 | 33.84 | 33.64 | 33.47 | 33.31 | 33.15 | 33.48 | |
| | 幂函数 | 35.91 | 35.51 | 35.14 | 34.75 | 34.36 | 35.13 | |
| | 灰色预测 | 31.14 | 30.16 | 29.23 | 28.31 | 27.44 | 29.25 | |

续　表

| 地　区 | 模　型 | 2019年 | 2020年 | 2021年 | 2022年 | 2023年 | 均　值 | 模型平均 |
|---|---|---|---|---|---|---|---|---|
| 舟山 | 二次曲线 | 16.66 | 16.46 | 16.19 | 15.85 | 15.45 | 16.12 | 16.18 |
|  | 一元线性 | 16.76 | 16.85 | 16.92 | 16.99 | 17.05 | 16.92 |  |
|  | 幂函数 | 17.37 | 17.25 | 17.13 | 16.98 | 16.84 | 17.11 |  |
|  | 灰色预测 | 15.24 | 14.88 | 14.55 | 14.21 | 13.88 | 14.55 |  |
| 台州 | 二次曲线 | 22.95 | 23.00 | 23.13 | 23.32 | 23.55 | 23.19 | 21.92 |
|  | 一元线性 | 21.70 | 21.81 | 21.90 | 21.99 | 22.07 | 21.89 |  |
|  | 幂函数 | 22.61 | 22.51 | 22.40 | 22.27 | 22.15 | 22.39 |  |
|  | 灰色预测 | 20.55 | 20.38 | 20.20 | 20.03 | 19.86 | 20.20 |  |

由表5.6可知，浙江省海洋工程相关产业对海洋经济整体直接贡献率的模型平均值为13.13%。主要沿海地市海洋工程相关产业对海洋经济直接贡献率的模型平均结果间存在显著空间差异。具体而言，绍兴和台州海洋工程相关产业对当地海洋经济的直接贡献率较高，分别为31.93%和21.92%，其次为温州、舟山和宁波，分别为19.17%、16.18%和15.00%，杭州和嘉兴海洋工程相关产业对当地海洋经济的直接贡献率为7个涉海市中最末的2个，分别为14.21%和11.40%。

同样地，借助直接贡献率这一指标，也可以测算和分析2019—2023年海洋工程相关产业对地区经济生产总值的直接贡献情况，具体测度结果及横向对比分析详见表5.7。

表5.7　2019—2023年海洋工程相关产业对地区经济的直接贡献率预测

单位：%

| 地　区 | 模　型 | 2019年 | 2020年 | 2021年 | 2022年 | 2023年 | 均　值 | 模型平均 |
|---|---|---|---|---|---|---|---|---|
| 浙江省 | 二次曲线 | 1.72 | 1.66 | 1.61 | 1.56 | 1.52 | 1.61 | 1.80 |
|  | 一元线性 | 1.94 | 1.93 | 1.92 | 1.91 | 1.90 | 1.92 |  |
|  | 幂函数 | 2.04 | 2.02 | 2.00 | 1.98 | 1.95 | 2.00 |  |
|  | 灰色预测 | 1.78 | 1.72 | 1.67 | 1.61 | 1.56 | 1.67 |  |
| 杭州 | 二次曲线 | 0.60 | 0.58 | 0.57 | 0.56 | 0.54 | 0.57 | 2.37 |
|  | 一元线性 | 0.64 | 0.63 | 0.62 | 0.62 | 0.61 | 0.62 |  |
|  | 幂函数 | 0.69 | 0.68 | 0.67 | 0.66 | 0.65 | 0.67 |  |
|  | 灰色预测 | 0.56 | 0.53 | 0.51 | 0.48 | 0.46 | 0.51 |  |

续　表

| 地　区 | 模　型 | 2019年 | 2020年 | 2021年 | 2022年 | 2023年 | 均　值 | 模型平均 |
|---|---|---|---|---|---|---|---|---|
| 宁波 | 二次曲线 | 2.06 | 2.05 | 2.05 | 2.05 | 2.06 | 2.06 | 2.11 |
| | 一元线性 | 2.20 | 2.19 | 2.19 | 2.18 | 2.18 | 2.19 | |
| | 幂函数 | 2.30 | 2.28 | 2.25 | 2.23 | 2.20 | 2.25 | |
| | 灰色预测 | 2.03 | 1.98 | 1.93 | 1.88 | 1.83 | 1.93 | |
| 温州 | 二次曲线 | 3.03 | 2.94 | 2.86 | 2.79 | 2.72 | 2.87 | 3.22 |
| | 一元线性 | 3.41 | 3.41 | 3.41 | 3.41 | 3.41 | 3.41 | |
| | 幂函数 | 3.60 | 3.58 | 3.55 | 3.52 | 3.50 | 3.55 | |
| | 灰色预测 | 3.17 | 3.10 | 3.04 | 2.99 | 2.93 | 3.05 | |
| 嘉兴 | 二次曲线 | 1.45 | 1.47 | 1.51 | 1.56 | 1.62 | 1.52 | 1.37 |
| | 一元线性 | 1.40 | 1.36 | 1.32 | 1.29 | 1.26 | 1.32 | |
| | 幂函数 | 1.53 | 1.49 | 1.46 | 1.43 | 1.40 | 1.46 | |
| | 灰色预测 | 1.31 | 1.23 | 1.16 | 1.10 | 1.04 | 1.17 | |
| 绍兴 | 二次曲线 | 1.66 | 1.54 | 1.43 | 1.32 | 1.21 | 1.43 | 1.80 |
| | 一元线性 | 1.99 | 1.98 | 1.97 | 1.96 | 1.95 | 1.97 | |
| | 幂函数 | 2.09 | 2.07 | 2.05 | 2.03 | 2.01 | 2.05 | |
| | 灰色预测 | 1.85 | 1.80 | 1.75 | 1.71 | 1.66 | 1.76 | |
| 舟山 | 二次曲线 | 9.31 | 8.64 | 7.97 | 7.31 | 6.68 | 7.98 | 10.27 |
| | 一元线性 | 11.46 | 11.51 | 11.56 | 11.60 | 11.64 | 11.55 | |
| | 幂函数 | 11.92 | 11.84 | 11.75 | 11.65 | 11.55 | 11.74 | |
| | 灰色预测 | 10.32 | 10.05 | 9.79 | 9.54 | 9.29 | 9.80 | |
| 台州 | 二次曲线 | 2.66 | 2.66 | 2.67 | 2.68 | 2.70 | 2.67 | 2.78 |
| | 一元线性 | 2.84 | 2.86 | 2.87 | 2.88 | 2.89 | 2.87 | |
| | 幂函数 | 2.97 | 2.96 | 2.94 | 2.93 | 2.91 | 2.94 | |
| | 灰色预测 | 2.68 | 2.65 | 2.63 | 2.60 | 2.58 | 2.63 | |

由表5.7发现，整体而言，浙江省海洋工程相关产业对浙江省生产总值的直接贡献率为1.80%；主要沿海地市海洋工程相关产业对地区生产总值的直接贡献率有空间差异，其中：舟山海洋工程相关产业对地区生产总值的直接贡献率达10.27%，为浙江省内最高，并远远高于其他地区；其次为温州和台州，分别达到3.22%和2.78%；杭州和宁波也相对较高，分别为2.37%和2.11%；7个地市中，绍兴和嘉兴海洋工程相关产业对地区生产总值的直接贡

献率相对最低，分别为1.80%和1.37%。以上结果表明，舟山海洋工程相关产业对舟山地区经济发展的支撑作用较强，舟山经济发展对海洋工程相关产业的依赖性远高于其他地区，温州、台州、杭州、宁波作为浙江省经济发展水平较高的沿海地市，海洋工程对其经济发展具有重要的支撑作用。

## 四、小结与建议

面向21世纪的海上丝绸之路和"五大发展理念"，浙江省海洋经济的发展迎来了前所未有的战略机遇。党的十九大报告提出要"坚持陆海统筹，加快建设海洋强国"，发展海洋工程是走向海洋、开发海洋、海洋强国的必要条件，海洋的开发和利用首先且必须依赖于海洋工程建设。海洋工程的发展关系到环境保护、资源开发和国土主权的安全，是我国建设海洋强国的重要支撑。

浙江省海洋工程建设与海洋经济和地区经济发展的比重虽然占有一定优势，但是长期以来的粗放型发展方式导致海洋生态环境压力较大，部分地区海洋工程建设甚至过多过滥，战略性、高科技海洋工程远远不足，特别是科技基础和支撑能力有待提高。面对21世纪国家海上丝绸之路和浙江海洋经济发展示范区战略，为更好地发挥海洋工程建设的直接经济带动作用，浙江省必须坚持科学用海、生态和谐和创新发展的理念。以下从宏观海洋经济战略制定、政策扶持和产业集聚等方面提出提升贡献度、缩小地区差异的3项建议。

（1）加强顶层设计，强化宏观海洋经济战略制定和配套海洋工程建设规划。结合国家海洋发展战略和浙江省海洋经济战略，扩大开放，倒逼深层次改革，强化涉海洋工程建设远期规划和综合管理；创新开放型海洋经济体制机制，完善海洋法律法规体系；统筹近岸、近海发展，合理开发岸线、滩涂、浅海、岛礁资源，兼顾深海、远洋和极地海洋工程建设，注重海洋资源开发、海洋空间利用与海岸防护和污染防治工程相结合。

（2）聚焦海洋工程科技创新，努力实现海洋工程科学用海、科技兴海。由于海洋环境的特殊性和复杂性，海洋工程建设比陆地工程建设对科技有更强的依赖性，而一些海洋新兴产业更是依赖高新技术，需要不同类型的海洋工程技术和技术装备作为技术支撑。针对以上海洋工程建设特点，应当聚焦海洋工程科技创新，加强对海底油气资源和水资源开发利用技术、海底碳氢水合物资源开发技术、海洋交通及通信通道技术等高新技术的研发和技术转化；鼓励涉海企业根据自身优势与国内外相关科教机构和企业展开多种形式的产学研合作，支持有经济实力和技术实力的涉海企业以进口、境外并购、国际招标、招才引智等方式引进先进技术，促进消化吸收再创新；同时应当营造良好的科研环境，支持合作建设海外科技园、企业孵化器等科技转化成果载体，积极吸收和引进国外涉海科教机构和企业在中国开设海洋高新技术研发机构、科技中介机构，加快引进高新技术和高端人才，提高科教人员待遇。打造一支紧跟国际海洋工程科技发展前沿、参与国际竞争与合作的高水平海洋科技创新人才队伍，形成参与和引领国际合作竞争的新优势，真正做到科学用海、科技兴海。

（3）陆海统筹，引导海洋产业集聚发展。浙江省已经形成较为完善的海洋工程建设体系，具备良好的海洋经济可持续发展基础，但仍然存在布局不合理、涉海龙头企业少、涉海中小型企业竞争力不足等问题。按照"陆海统筹、全局兼顾、突出重点、集聚发展"的原则，以浙江省各级各类涉海特色产业园区合理规划和建设为切入点，完善海洋工程建设产业集聚发展空间载体，实现海洋工程相关产业优化布局。高标准建设涉海产业园区，以理念革新、科学管理和科技创新促进海洋工程建设相关产业绿色发展，创新融投资机制，鼓励创新创业服务体系，提升服务能力。依托产业园区，加强吸引和引导现代海洋装备制造业、海洋新能源等现代高端海洋工程产业；加快培育产业集群中关联度高、主业突出、创新能力强、带动性大的涉海龙头企业，鼓励龙头企业"走出去"，积极参与国际竞争，成为具有全球配置资源要素、布局市场网络的骨干型企业。全面提升海洋工程相关产业在研发、生产、管理和服务等方面的信息化和智能化水平，建立和完善涉海企业家的培养、任用、激励、约束和保护机制，在涉海规划、政策、标准制定中扩大涉海企业家在创新决策中的话语权，充分发挥他们的主动性和创造性。

# 第三节 | 浙江省海洋工程建筑业与海洋经济发展关系分析

在海洋经济总量快速增长的同时，浙江海洋产业体系也在不断完善，其中海洋工程建筑业是海洋经济发展的基础产业，具有举足轻重的作用。海洋工程建筑业既是一个独立的海洋产业，又与其他海洋产业的发展有着密不可分的联系。海洋工程建筑业通过与海洋经济的联动发展为经济发展提供巨大的发展空间，并且有利于形成协调、稳定的发展模式。本节以《国家海洋局公报》《中国海洋工程年鉴》《浙江自然资源与环境统计年鉴》《浙江省海洋经济发展报告——经济地理学视角》及浙江省各地市社会经济发展动态数据等资料为基础，通过构建灰色关联模型，分析海洋工程建筑业与海洋经济发展之间的定量关系，再通过区域对比分析海洋工程建筑业对海洋经济发展的促进作用，并提出相应的对策建议。

## 一、海洋工程建筑业对海洋经济发展的直接贡献分析

本部分利用直接贡献率指标，测算海洋工程建筑业生产总值对区域海洋经济生产总值（Gross Ocean Product，GOP）的直接贡献情况。其具体计算公式如下：

$$直接贡献率＝海洋工程建筑业生产总值/GOP×100\% \qquad (5\text{-}20)$$

结合式（5-20）可以计算得到2013—2017年浙江省及主要沿海地市的海洋工程建筑业对当地海洋经济的直接贡献度，结果见表5.8。

表5.8　2013—2017年浙江省及主要沿海地市的海洋工程建筑业对海洋经济的直接贡献度

单位：%

| 年 份 | 浙江省 | 杭 州 | 宁 波 | 温 州 | 嘉 兴 | 绍 兴 | 舟 山 | 台 州 |
|---|---|---|---|---|---|---|---|---|
| 2013 | 2.45 | 0.97 | 3.98 | 1.87 | 3.24 | 3.64 | 11.14 | 5.94 |
| 2014 | 2.72 | 0.87 | 4.21 | 2.01 | 2.94 | 4.12 | 12.16 | 6.69 |
| 2015 | 2.79 | 0.77 | 4.20 | 2.08 | 2.42 | 4.72 | 12.22 | 6.89 |
| 2016 | 2.78 | 0.64 | 4.00 | 2.10 | 3.54 | 4.32 | 11.05 | 6.39 |
| 2017 | 2.88 | 0.55 | 4.00 | 2.12 | 3.51 | 4.99 | 14.19 | 6.64 |
| 平均值 | 2.72 | 0.76 | 4.08 | 2.04 | 3.13 | 4.36 | 12.15 | 6.51 |

由表5.8可知，整体而言，2013—2017年，浙江省海洋工程建筑业对海洋经济的直接贡献度有上升趋势，平均值为2.72％。此外，不同地区海洋工程建筑业对海洋经济的直接贡献水平有显著差异，其中：舟山地区海洋工程建筑业对海洋经济的支撑作用尤为明显，平均值为12.15％，且2017年有大幅度增长；台州和宁波这2个海洋资源尤为丰富的地区直接贡献度的平均值为6.51％和4.08％，明显高于浙江省平均值；嘉兴和绍兴这2个涉海市海洋工程建筑业对海洋经济的直接贡献度的平均值也明显高于浙江省整体水平；仅杭州和温州2个地区的直接贡献度明显低于其他地区，表明海洋工程建筑业在这2个地区没有形成优势，对海洋经济的支撑作用不强。

## 二、海洋工程建筑业与海洋经济发展的灰色关联分析

结合本章第一节介绍的灰色关联分析方法，本部分基于《国家海洋局公报》《中国海洋工程年鉴》《浙江自然资源与环境统计年鉴》《浙江省海洋经济发展报告——经济地理学视角》及浙江省各地市社会经济发展动态数据，分别对海洋工程建筑业的生产总值与区域海洋经济增加值的相关性和互动关系展开研究。

灰色关联分析的本质是数据序列曲线间几何形状的分析比较，几何形状越相似，则发展态势就越接近，关联程度也越大；反之就越小。在此研究方法指导下，本小节运用前述灰色关联分析方法考察海洋工程建筑业生产总值与区域海洋经济增加值之间的灰色关联系数和关联程度，从而得到2008—2017年浙江省和杭州、宁波、温州、嘉兴、绍兴、台州、舟山7个沿海地市的海洋工程建筑业生产总值与区域海洋经济增加值的灰色关联系数和关联度，如表5.9所示。

表5.9　关联系数及关联度分析结果[1]

| 年　份 | 浙江省 | 杭　州 | 宁　波 | 温　州 | 嘉　兴 | 绍　兴 | 舟　山 | 台　州 |
|---|---|---|---|---|---|---|---|---|
| 2008 | 0.63 | 0.93 | 0.82 | 0.98 | 0.72 | 0.74 | 0.74 | 0.92 |
| 2009 | 0.61 | 0.96 | 0.81 | 0.79 | 0.81 | 0.82 | 0.81 | 0.84 |
| 2010 | 0.99 | 0.86 | 0.59 | 0.82 | 0.55 | 0.57 | 0.56 | 0.76 |
| 2011 | 0.71 | 0.77 | 0.47 | 0.90 | 0.40 | 0.42 | 0.41 | 0.65 |

---

　　[1] 注：表中计算关联度时，对第$i$个单位全部指标的关联系数采用等权算法。

续　表

| 年　份 | 浙江省 | 杭　州 | 宁　波 | 温　州 | 嘉　兴 | 绍　兴 | 舟　山 | 台　州 |
|---|---|---|---|---|---|---|---|---|
| 2012 | 0.71 | 0.77 | 0.43 | 0.74 | 0.39 | 0.41 | 0.41 | 0.54 |
| 2013 | 0.84 | 0.78 | 0.38 | 0.59 | 0.40 | 0.42 | 0.42 | 0.77 |
| 2014 | 0.53 | 0.88 | 0.40 | 0.46 | 0.59 | 0.61 | 0.61 | 0.45 |
| 2015 | 0.43 | 0.88 | 0.39 | 0.40 | 0.59 | 0.61 | 0.61 | 0.35 |
| 2016 | 0.42 | 0.71 | 0.34 | 0.36 | 0.32 | 0.34 | 0.33 | 0.41 |
| 2017 | 0.33 | 0.79 | 0.33 | 0.33 | 0.43 | 0.44 | 0.44 | 0.33 |
| $\gamma_i$ | 0.66 | 0.85 | 0.54 | 0.67 | 0.52 | 0.58 | 0.59 | 0.64 |
| 灰色关联度排名 | 1 | 6 | 2 | 7 | 5 | 4 | 3 |

资料来源：根据2008—2017年浙江省海洋统计资料数据整理分析得到。

　　从表5.9关联度分析结果可知，2008—2017年，浙江省主要沿海地市海洋工程建筑业生产总值与区域海洋经济增加值的灰色关联系数平均值均介于0.52—0.85之间，表明海洋工程建筑业生产总值与区域海洋经济增加值二者发展态势比较接近，关联程度较高，说明二者总体相互促进、协调发展。

　　对不同地区进行横向比较发现，浙江主要沿海地市海洋工程建筑业与区域海洋经济增加值的灰色关联度不尽相同。从2007—2017年平均值来看，浙江省各沿海地区海洋工程建筑业生产总值与区域海洋经济增加值灰色关联度的排名顺序为：杭州＞温州＞台州＞舟山＞绍兴＞宁波＞嘉兴。从变化趋势来看（见图5.4），主要沿海地市海洋工程建筑业生产总值与区域海洋经济增加值的灰色关联度均呈下降趋势。

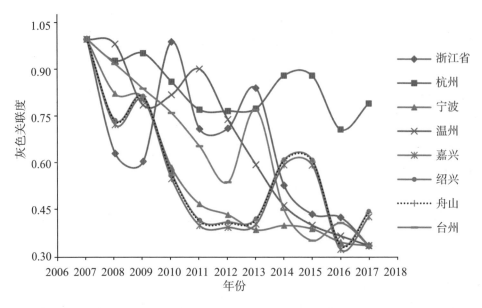

图5.4　浙江省及主要沿海地市海洋工程建筑业生产总值与海洋经济增加值的灰色关联度

## 三、小结与建议

浙江省海洋工程建筑业对经济发展的贡献率基本维持稳定，部分地区有上升趋势，但与经济发展的关联度总体呈下降趋势，说明海洋工程建筑业作为传统基础产业，对浙江省海洋经济的可持续支撑作用不足：一方面是因为产业未能摆脱能耗高、效率低下的落后局面，主要靠资金和资源的消耗来维持；另一方面，产业结构不够合理，海洋工程建筑业与其他产业前后关联度不高。在此基础上，为促进海洋工程建筑业可持续发展和与海洋经济的良性互动，特提出如下政策建议。

（1）优化调整海洋产业结构，理顺海洋工程建筑业发展机制。要想完善海洋工程应当在提升海洋工程建筑业上下功夫，将海洋工程建筑业与其他产业统筹考虑，提高产业间协调程度；充分发挥新型海洋工程建筑业的带动作用，使海洋工程建筑业逐渐由资源依赖型向技术带动型转变，从规模扩张向增强产业间关联度转变，从分散自发型向产业间统筹规划型转变。

（2）加强海洋工程技术开发，提高海洋技术自主创新能力。浙江省海洋经济的快速发展与海洋工程建筑业技术条件的不断改善直接相关，但是与世界先进水平相比仍然有较大的差距。浙江省高技术海洋工程建筑业尚处于发展初期，规模小、竞争力弱，不足以为改造传统海洋工程建筑业提供技术支持——只有提高自主创新能力，才能为浙江省海洋经济发展提质增效提供可持续的支撑。尤其需要将海洋资源勘查、工程建筑和生态保护作为一个有机整体来考虑，进行跨学科交叉和继承的技术预见，形成明确的发展战略方向，提升海洋工程建筑业的基础支撑作用和海洋开发可能面临的极端情况的应对能力。

（3）加强涉海专业人才队伍建设。人才是海洋经济发展的核心，浙江省作为海洋大省对海洋科技人员和海洋科技成果的需求不言而喻，海洋科技人才的匮乏将严重影响海洋开发的深度和广度，但浙江省涉海专业人才队伍的现实状况与海洋经济强省的要求还有较大差距。要解决这个问题，必须加强海洋工程建筑业等涉海行业的建设，大力引进海洋工程高精尖人才，以人才带动技术，以技术驱动创新，以创新带动发展。

第六章

浙江省海洋工程发展支撑与协调性分析

浙江省海洋工程发展支撑与协调分析，能够加深人们对浙江省区域经济发展与海洋工程建设、海洋工程建设承载力与海洋工程项目布局、海洋工程咨询服务与海洋工程项目分布之间互动、协调关系的认识。基于此，本章将评估浙江省海洋工程建设承载力状况，分析海洋工程建设承载力与海洋工程项目布局的协调性，探讨海洋工程咨询服务与海洋工程项目分布的耦合性，以期通过定量研究揭示浙江省海洋工程发展存在的限制因素，为合理安排相关海洋工程产业布局提供更具有针对性的调控对策依据。

# 第一节 | 浙江省海洋工程建设承载力评价

本小节在整理《中国海洋工程年鉴》《中国海洋统计年鉴》《中国海洋经济统计公报》《浙江海洋经济发展重大建设项目实施计划》和《浙江省海洋经济发展报告》等资料的基础上，利用浙江省各项社会经济动态数据，结合综合评价相关理论，构建区域海洋工程建设承载力评价指标体系，分别针对沿海和非沿海地市进行测算；通过纵向、横向对比，分析各地区海洋工程建设承载力的特点，并总结提升区域海洋工程建设承载力的合理化建议。

## 一、指标体系构建与指标量化

本节基于浙江省海洋工程发展的直接支撑因素、服务配套因素、经济发展因素、人口和科技因素及产业集聚因素等方面构建评价体系，通过筛选密切影响海洋经济发展的自然环境类指标建立统计指标体系，以评价各地区海洋工程建设承载力（见表6.1）。

表6.1 海洋工程建设承载力评价指标体系

| 一级指标 | 二级指标 | 单 位 | 方 向 |
|---|---|---|---|
| 直接支撑因素 | 建设单位数量 | 个 | 正向 |
| | 施工单位数量 | 个 | 正向 |
| | 运营单位数量 | 个 | 正向 |

| 一级指标 | 二级指标 | 单　位 | 方　向 |
|---|---|---|---|
| 服务配套因素 | 可行性论证合同数 | 个 | 正向 |
| | 海洋工程设计合同数 | 个 | 正向 |
| | 海洋工程勘察合同数 | 个 | 正向 |
| | 海洋工程监理合同数 | 个 | 正向 |
| | 海洋工程安全评估合同数 | 个 | 正向 |
| | 海洋工程第三方检测合同数 | 个 | 正向 |
| | 海洋工程海域使用论证合同数 | 个 | 正向 |
| | 海洋工程环境影响评价合同数 | 个 | 正向 |
| | 海洋工程其他咨询合同数 | 个 | 正向 |
| 经济发展因素 | 地区生产总值 | 亿元 | 正向 |
| | 城镇化水平 | % | 正向 |
| 人口因素 | 人口规模 | 人 | 正向 |
| | 大学以上人口占比 | % | 正向 |
| 科技因素 | 涉海院校和企业研发人员投入 | 人 | 正向 |
| | 涉海院校和企业研发经费投入 | 万元 | 正向 |
| 产业集聚因素 | 海洋矿业企业集聚度 | — | 正向 |
| | 海洋船舶工业集聚度 | — | 正向 |
| | 海洋工程装备制造业集聚度 | — | 正向 |
| | 海洋工程建筑业集聚度 | — | 正向 |

## 二、权重设置

根据指标体系中不同指标的重要程度，需要对各项指标赋予不同的权重，权重对于评价模型有很重要的作用，赋予不同的权重值可能导致评价结果的不同。权重的确定方法主要有主观赋权法和客观赋权法。主观赋权法主要取决于专家的经验，要求专家对于所研究的方法有较深的理解，主要包括德尔菲法、层次分析法和专家评分法等。客观赋权法排除了主观因素的影响，根据一定的规则对各个指标自动赋权，主要有熵权法和变异系数法等。

为避免主观赋权法对指标权重的主观影响，可选取熵权法计算各个指标的权重。(程启月，2010)假设有$n$个评价单元，$m$个评价指标，通过熵权法确定权重的基本步骤如下：

第一步，进行数据的非负数化处理。由于熵权法计算采用的是评价单元的某一指标值占同一指标值总和的比重，不存在量纲的影响，不需要标准化处理。但因为数据中有负数，需要对数据进行非负化处理，此外，为了避免求熵值时对数的无意义，还需要将数据进行平移。

由于正向指标和负向指标数值代表的含义不同（正向指标数值越高越好，负向指标数值越低越好），对于高低指标要用不同的算法进行数据标准化处理。其具体方法如下：

$$\text{对于正向指标：} \quad x_{ij}' = \frac{x_{ij} - \min{(x_j)}}{\max{(x_j)} - \min{(x_j)}} \tag{6-1}$$

$$\text{对于负向指标：} \quad x_{ij}' = \frac{\min{(x_j)} - x_{ij}}{\max{(x_j)} - \min{(x_j)}} \tag{6-2}$$

其中，$x_{ij}'$ 为标准化后第 $i$ 个样本的第 $j$ 个指标的数值。

第二步，对指标进行比重变换，计算第 $j$ 个指标下第 $i$ 个评价单元占该指标的比重，将指标的实际值变换为评价值。公式如下：

$$a_{ij} = \frac{x_{ij}'}{\sum_{i=1}^{n} x_{ij}'} \tag{6-3}$$

第三步，计算指标的熵值。计算公式如下：

$$k_j = -\left(\frac{1}{\ln n}\right) \sum_{i=1}^{n} a_{ij} \ln a_{ij} \tag{6-4}$$

其中，$k_j$ 表示第 $j$ 个指标的熵值。

第四步，计算各个指标的权重。计算公式如下：

$$q_j = \frac{1 - k_j}{\sum_{j=1}^{m}(1 - k_j)} \tag{6-5}$$

其中，$q_j$ 表示第 $j$ 个指标的权重。

根据熵权法计算步骤，得到浙江省沿海产业集聚区发展指标体系中各个指标的权重，结果如表6.2所示（其中，各项一级指标的权重由专家打分法确定）。

表6.2　熵权法计算指标权重

| 一级指标 | 二级指标 | 二级指标权重 |
|---|---|---|
| 直接支撑因素(0.25) | 建设单位数量 | 0.3114 |
| | 施工单位数量 | 0.3615 |
| | 运营单位数量 | 0.3271 |
| 服务配套因素(0.25) | 可行性论证合同数 | 0.1038 |
| | 海洋工程设计合同数 | 0.1035 |
| | 海洋工程勘察合同数 | 0.1236 |
| | 海洋工程监理合同数 | 0.1178 |
| | 海洋工程安全评估合同数 | 0.1155 |
| | 海洋工程第三方检测合同数 | 0.1064 |
| | 海洋工程海域使用论证合同数 | 0.1155 |
| | 海洋工程环境影响评价合同数 | 0.1148 |
| | 海洋工程其他咨询合同数 | 0.0991 |
| 经济发展因素(0.20) | 地区生产总值 | 0.6969 |
| | 城镇化水平① | 0.3031 |
| 人口因素(0.10) | 人口规模 | 0.5147 |
| | 大学以上人口占比 | 0.4853 |
| 科技因素(0.10) | 涉海院校和企业研发人员投入 | 0.3404 |
| | 涉海院校和企业研发经费投入 | 0.6596 |
| 产业集聚②因素(0.10) | 海洋矿业企业集聚度 | 0.2509 |
| | 海洋船舶工业集聚度 | 0.2457 |
| | 海洋工程装备制造业集聚度 | 0.2261 |
| | 海洋工程建筑业集聚度 | 0.2773 |

　　进而，采用效用函数评价模型对浙江省沿海各地区的海洋工程建设承载力进行综合评价。其计算公式如下：

---

① 城镇化水平指标值测度方法主要参考以下资料：
　　[1]柳乾坤,李艳,陈惠芳.浙江省城市格局和城市化水平的空间分异特征研究[J].国土资源情报,
　　　2012(6):42-47.
　　[2]吕越,陈忠清.浙江省城市化与生态环境协调度及其胁迫关系探讨[J].地域研究与开发,
　　　2017,36(3):160-164.
② 此处采用区位熵指标测度各产业集聚度。

$$E_i = \sum_j q_j \times z_{ij} \qquad (6-6)$$

其中，$E_i$ 表示第 $i$ 个地市的海洋工程建设承载力综合发展指数，该指数越高，说明其状态越好。$q_j$ 表示第 $j$ 个测算指标的权重，$z_{ij}$ 表示第 $i$ 个地市的第 $j$ 个指标的无量纲化数值。

随后将各地区海洋工程建设承载力综合得分标准化，转化为百分制。转换方法如下：

$$\tilde{E}_i = 60 + \frac{E_i - \overline{E}}{10s} \times 100 \qquad (6-7)$$

其中，$s$ 为各地区海洋工程建设承载力综合得分 $E_i$ 的标准差。

### 三、实际测算与横向对比分析

结合上述所介绍的综合评价方法，本部分对浙江省 11 个地市的海洋工程建设承载力进行测算，结果见表6.3。

表6.3 的结果显示，浙江省 11 个地市的海洋工程建设承载力有较大差异，尤其是沿海地市和其他地市之间。对沿海和非沿海地市海洋工程建设承载力的综合得分进行独立样本检验得到 $t$ 统计量为3.67，即在1%的显著性水平下，认为沿海和非沿海地市海洋工程建设承载力综合得分有显著差异。

表6.3 浙江省各地区海洋工程建设承载力评估结果汇总

| 地 区 | | 海洋工程建设承载力综合得分 | 排 名 | 平均得分 | 独立样本检验 |
|---|---|---|---|---|---|
| 沿海 | 宁波 | 73.41 | 1 | 63.39 | $t=3.67$ $p=0.005$ |
| | 杭州 | 69.35 | 2 | | |
| | 温州 | 65.39 | 3 | | |
| | 舟山 | 64.87 | 4 | | |
| | 台州 | 57.75 | 5 | | |
| | 绍兴 | 56.77 | 6 | | |
| | 嘉兴 | 56.20 | 7 | | |
| 非沿海 | 金华 | 55.50 | 8 | 54.06 | |
| | 湖州 | 54.10 | 9 | | |
| | 衢州 | 53.37 | 10 | | |
| | 丽水 | 53.28 | 11 | | |

沿海地市的海洋工程建设承载力明显较强，海洋工程建设承载力综合得分均在56分以上，平均得分为63.39分，而其余4个地市海洋工程建设承载力综合得分则较低，均介于53—56分之间，平均得分为54.06分。

根据表6.4所示的浙江省各地区海洋工程建设承载力评估各项指标得分明细，总体来说，海洋工程建设承载力得分排名前5的地市（即表6.3中的宁波、杭州、温州、舟山、台州）各项指标得分基本大于全省平均值。

表6.4　浙江省各地区海洋工程建设承载力评估各项指标得分明细

| 地　区 | 直接支撑因素(0.25) | 服务配套因素(0.25) | 经济发展(0.20) | 人口因素(0.10) | 科技因素(0.10) | 产业集聚因素(0.10) |
|---|---|---|---|---|---|---|
| 杭州 | 14.44 | 19.22 | 16.19 | 8.05 | 5.61 | 5.84 |
| 宁波 | 20.51 | 18.21 | 14.62 | 6.45 | 6.68 | 6.94 |
| 温州 | 16.37 | 14.84 | 12.81 | 6.70 | 8.03 | 6.64 |
| 嘉兴 | 13.95 | 13.57 | 11.71 | 5.71 | 5.80 | 5.47 |
| 湖州 | 13.59 | 13.49 | 10.72 | 5.45 | 5.44 | 5.42 |
| 绍兴 | 13.60 | 13.64 | 12.46 | 5.90 | 5.78 | 5.41 |
| 金华 | 13.64 | 13.47 | 11.71 | 5.82 | 5.42 | 5.44 |
| 衢州 | 13.59 | 13.43 | 10.31 | 5.24 | 5.43 | 5.37 |
| 舟山 | 17.84 | 17.88 | 9.88 | 5.28 | 6.36 | 7.63 |
| 台州 | 13.90 | 13.57 | 11.77 | 6.02 | 6.05 | 6.44 |
| 丽水 | 13.59 | 13.68 | 9.81 | 5.38 | 5.42 | 5.40 |
| 平均值 | 15.00 | 15.00 | 12.00 | 6.00 | 6.00 | 6.00 |

注：本表中阴影表示该项得分高于全省平均值。

就各地区优势而言，杭州具备良好的海洋工程建设直接支撑要素、服务配套要素、经济发展和人口因素；宁波兼具雄厚的经济实力和良好的海洋工程建设服务配套要素及科技投入实力，而相比其他海洋工程建设承载力较强的地区；舟山的直接支撑因素和产业集聚因素得分较高；温州对科技人员和科研经费的投入水平为全省最高。

就各地区劣势而言，杭州作为浙江省海洋工程建设承载力第二强的城市，其科技因素和产业集聚因素的得分低于全省平均水平，是杭州海洋工程建设承载力提升的短板；舟山受限于土地面积等因素，经济发展因素和人口因素的得分较低；台州的直接支撑因素、服务配套因素和经济发展因素的得分均低于全省平均值。此外，嘉兴虽为沿海城市，但其海洋工程建设承载力评价的各项指标的得分均低于全省平均值。

其他5个地市（绍兴、金华、湖州、衢州、丽水）的海洋工程建设承载力评价的各项指标得分差异较小，其直接支撑因素、服务配套因素、科技因素、产业集聚因素的得分均差异不大，而绍兴的经济发展因素和人口因素的得分相对其他4个地市（金华、湖州、衢州、丽水）较高，其中经济发展因素的得分高于全省平均水平。

## 四、小结与建议

通过对各个地区海洋工程建设承载能力的综合评估，发现浙江省各地区海洋工程建设承载力整体较好，但地市差异较大，并且各地区在不同方面存在不同程度的短板。结合各地区海洋工程建设承载力评价各指标得分，各地区应当因地制宜，协调发展，进一步提高各地区海洋工程建设承载力，为地区海洋经济的发展提供有力支持。

（1）加快推进沿海城市海洋经济一体化建设。杭州、宁波、舟山、台州、温州等沿海地区具备良好的海洋工程建设承载力基本要素，结合各地区优越的地理、环境和经济实力优势，通过管理体制、运营模式和投融资等方面的大力合作和创新，可进一步提高浙江省海洋工程建设承载力。海洋经济一体化建设的推进需要各地区港口相互协调，功能互补，全局平衡，突破地区行政区划壁垒，积极实施投资主体多元化和建设经营市场化，从而实现资源的高效利用和快速协调。

（2）加强监督管理，科学合理规划和布局海洋工程建设项目，合理利用天然海岸线资源，通过政策、规划、科技方面的引导，优化海洋工程建设布局，提高各地区海洋工程建设承载力。

（3）集中优势力量进行科技攻关，对海洋工程建设承载力较强的地区加大科研投入，引导产学研合作。海洋环境条件的特殊性，使海洋工程建设和海洋资源开发比陆地工程建设和资源开发对科技有着更高的依赖性。从分析结果来看，浙江省海洋工程建设的科技支撑能力仍然不高，因而在杭州等海洋工程建设能力较强的地区加大海洋工程建设配套的科技投入，促进科技成果转化，对带动浙江省海洋工程建设能力的提高必然有良好的促进作用。

## 第二节｜浙江省海洋工程建设承载力与海洋工程项目协调性分析

本节以浙江省各地市为样本，使用探索性空间数据分析与地理信息系统相结合的方法，研究浙江省各地市海洋工程建设承载力和实际承接的海洋工程项目数量①情况的空间差异和空间耦合协调关系。首先，从浙江省各地市海洋工程建设承载力综合得分和承接的海洋工程项目数量的空间分布规律出发，探讨二者的空间分布现状；其次，利用耦合度指标和耦合协调模型来分析各地市海洋工程建设承载力与承接的海洋工程项目数量之间的匹配程度；最后，提出优化海洋工程项目建设承接单位空间布局，充分发挥各地市海洋工程建设承载力，提升海洋工程建设承载力和实际承接海洋工程项目数量协调程度的合理化建议。

### 一、海洋工程建设承载力和承接海洋工程数量的空间差异

使用GeoDa软件对2015年浙江省各个地市的海洋工程建设承载力和海洋工程项目总数进行全局Moran's $I$ 指数计算，Moran散点图和局部空间关联指标分析研究，得出各地市海洋工程建设承载力和实际承接海洋工程项目分布的空间布局情况，分析其空间分布特征。

空间自相关是指某种性质在空间上相关或者某种属性值的相关性是由对象或者要素的地理次序和地理位置决定的。研究中一般习惯使用一个 $n$ 阶矩阵来表示区域内 $n$ 个单元之间的邻接关系，每个区域单元都由矩阵中的某一行或者某一列来代表，矩阵中的每个值表示相应行和列所代表的地理要素之间的空间关系。在计算空间自相关统计量时或在空间回归模型中，通常使用

---

① 实际承接海洋工程项目数量以每个地市工程单位承接海洋工程项目建设等任务的项目数量计，因而非沿海地市也存在承接海洋工程项目建设的情况。

该矩阵中的要素作为权重，故称该矩阵为空间权重矩阵。本节使用一阶Queen空间权重矩阵，当第$i$个单元和第$j$个单元相邻时，$W_{ij}=1$，否则为0。

大部分研究采用Moran's $I$指数测度空间自相关性。Moran's $I$定义如下：

$$I=\frac{n\sum\limits_{i=1}^{n}\sum\limits_{j=1}^{n}C_{ij}(x_i-\bar{x})(x_j-\bar{x})}{\sum\limits_{i=1}^{n}\sum\limits_{j=1}^{n}C_{ij}\sum\limits_{i=1}^{n}(x_i-\bar{x})^2} \tag{6-8}$$

式中，$x_i$是区域单元$i$的属性值，$\bar{x}$是$x_i$的算数平均数。

Moran's $I$指数的取值范围为-1—1，大于0表示空间正相关，接近1表明具有相似的属性集聚在一起（即高值与高值相邻，低值与低值相邻）；小于0表示负相关，接近-1时表示相异的属性集聚在一起（即高值与低值相邻，低值与高值相邻）。如果Moran's $I$指数接近0，则表示属性是随机分布的，即不存在空间自相关性。

实际上，整个区域内空间自相关的变化未必是稳定的，因此使用局部指标来描述空间自相关的空间变异是非常有必要的，局部指标一般包括局部G统计量和局部空间关联系数。

Moran散点图可以直观地显示出空间自相关的局部变化。Moran散点图中第一象限的点其自身和周边区域的属性值都很高，为热点区；第二象限的自身属性值较低，而周边区域的属性值较高；第三象限内的点其自身和周边区域的属性值都较低，为盲点区；第四象限内的点其自身属性值较高，而周边区域的属性值较低。运用GeoDa软件，通过分析得到浙江省各地市海洋工程建设承载力Moran散点图（见图6.1）和浙江省各地市承接海洋工程项目数量的Moran散点图（见图6.2）。

由图6.1可知，浙江省各地市海洋工程建设承载力的Moran's $I$指数为-0.1299，表明浙江省各地市海洋工程建设承载力呈现出一定的负空间相关性。其中：第一象限（高—高）内只有1个散点，说明高值区域的点很少存在空间集聚效应；第二象限（低—高）内有4个散点，说明这些地市的海洋工程建设承载力低于其邻接地区的平均水平；第三象限（低—低）内有3个散点，而且这些地市的海洋工程建设承载力较弱；第四象限（高—低）内有3个散点，反映其海洋工程建设承载力明显高于其邻近地市的平均水平。

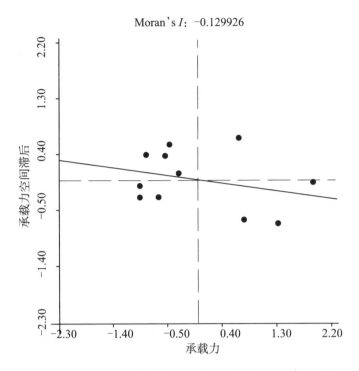

**图6.1 浙江省各地市海洋工程建设承载力Moran散点图**

据图6.2可知，浙江省各地市承接海洋工程数量的 Moran's $I$ 指数为-0.0266，反映出浙江省各地市承接海洋工程项目数量呈现微弱的负空间相关性。其中：第一象限（高—高）内只有2个散点，说明高值区域的点很少存在空间集聚效应；第二象限（低—高）内有4个散点，说明其海洋工程项目数量远低于其邻接省份的平均水平；第三象限（低—低）内有3个散点，说明这3个地市的海洋工程项目数量较少；第四象限（高—低）内有2个散点，说明这2个地市的海洋工程项目数量相对高于其邻近地市的平均水平。

为了进一步揭示各地市海洋工程建设承载力和海洋工程项目数量在邻域空间上的自相关性，本小节结合Moran散点图象限分析和局域空间关联指标来反映海洋工程建设承载力和海洋工程项目数量的空间集聚模式。若一个地市海洋工程建设承载力或海洋工程项目数量的空间分布属于"高—高"或者"低—低"型，表明该地市与相邻地市之间可能存在扩散作用，空间差异趋于缩小；若属于"高—低"或者"低—高"型，表明二者之间可能存在极化作用，空间差异趋于扩大。具体分析结果见表6.5和表6.6。

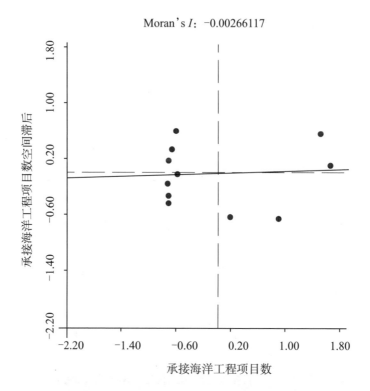

图6.2　浙江省各市承接的海洋工程项目数量Moran 散点图

表6.5　浙江省各地区海洋工程建设承载力及海洋工程项目数量的集聚模式

| 空间集聚模式 | 海洋工程建设承载力集聚模式下的地区 | 海洋工程项目数量集聚模式下的地区 |
| --- | --- | --- |
| 第一象限(高—高) | 舟山 | 宁波、舟山 |
| 第二象限(低—高) | 绍兴、嘉兴、湖州、台州 | 绍兴、嘉兴、湖州、台州 |
| 第三象限(低—低) | 丽水、衢州、金华 | 丽水、衢州、金华 |
| 第四象限(高—低) | 杭州、宁波、温州 | 杭州、温州 |

表6.6　浙江省各地区海洋工程建设承载力及海洋工程项目数量的局部Moran's I指数

| 地　区 | 海洋工程建设承载力的局部Moran's I指数 | 海洋工程项目数量的局部Moran's I指数 |
| --- | --- | --- |
| 杭州 | −0.9104 | −0.6681 |
| 宁波 | −0.0549 | 0.2273 |
| 温州 | −0.4892 | −0.1342 |

续　表

| 地　区 | 海洋工程建设承载力的局部Moran's I指数 | 海洋工程项目数量的局部Moran's I指数 |
|---|---|---|
| 嘉兴 | −0.2133 | −0.3847 |
| 湖州 | −0.3314 | −0.1392 |
| 绍兴 | −0.2616 | −0.2470 |
| 金华 | 0.1725 | 0.2293 |
| 衢州 | 0.0835 | 0.0915 |
| 舟山 | 0.4737 | 0.9775 |
| 台州 | −0.0396 | 0.0045 |
| 丽水 | 0.2715 | 0.3092 |

注：本表中的阴影部分表示该地区的Moran's I指数为正。

　　结合表6.5和表6.6可以看出，海洋工程建设承载力"高—高"集聚性区域为舟山。作为中国首个以海洋经济为主题建设的国家级新区，舟山群岛新区地理位置优越，海洋产业基础比较好，是浙江省海洋资源较为丰富的地区之一。自2013年批准设立舟山群岛新区以来，舟山海洋传统产业发展迅速，结构调整步伐加快，加上"一带一路"和建设浙江省海洋经济发展核心示范区的战略机遇，海洋新兴产业增长较快，产业规模不断壮大，产业集中度进一步提高，使得其海洋工程建设承载力不断增强。杭州、宁波和温州属于"高—低"型区域，其海洋工程建设承载力高于周边地区，且3个地区的局部Moran's I指数均小于0，与周边地区工程建设承载力空间差异较大。绍兴、嘉兴、湖州和台州属于"低—高"型区域，其海洋工程建设承载力明显低于周边地区。而丽水、衢州和金华3个地区则为"低—低"型区域，说明这些地区与其周边邻近地区的海洋工程建设承载力都比较弱。

　　与之类似，从表6.5和表6.6可以看出，舟山和宁波为海洋工程项目数量"高—高"集聚性区域。宁波和舟山由于地理位置优越，海洋资源丰富，海洋传统产业根基牢固，同时近年来实行海洋产业集聚区建设、推动海洋经济创新等举措，促使海洋工程建筑业大幅增长，海洋工程项目不断推进。杭州和温州则属于"高—低"型区域，承接的海洋工程项目数量高于周边地区，其局部Moran's I指数显著小于0，表明杭州、温州与周边地区承接项目工程数量空间差异较大，这也正与杭州和温州的海洋工程承载能力本就高于周边地区的实际情况相一致。绍兴、嘉兴、湖州和台州属于"低—高"型区域，尽管绍兴、嘉兴与台州3个地区为沿海地市，承接的海洋工程项目数量却远低于邻近的杭州和宁波，这与其工程项目承载力也属于"低—高"类型是相一致的，表明其工程项目承载力低于邻近地区，导致其承接工程项目数量也低于邻近地区。而金华、衢州、丽水等非沿海地市则属于"低—低"型区域，是浙江省各地市中承接海洋工程项目数量的低洼区。

## 二、海洋工程建设承载力和承接海洋工程数量的耦合度分析

前面对浙江省各地市海洋工程建设承载力和实际承接海洋工程项目数量分别进行了空间布局分析，揭示了浙江省各地市海洋工程建设承载力和实际承接海洋工程项目数量的空间集聚性和空间异质性。为更深入地分析二者的匹配程度，本小节从各地市海洋工程建设承载力和实际承接海洋工程项目数量的空间分布规律出发，采用耦合协调度指标衡量海洋工程建设承载力和实际承接海洋工程项目数量之间的匹配程度，定量分析二者之间的耦合性和耦合协调程度，并为浙江省各地市海洋工程项目承接单位的空间布局优化调整提供一定的理论支撑。

反映2个指标之间协调关系的常用方法，包括耦合度和耦合协调模型。通过对耦合度的测算，可以得到2个系统之间相互作用的程度，据以判断是否存在协调关系。但尚无法测算这种关系是高水平的协调，还是低水平的协调，故而需要建立耦合协调度模型，以此来测度二者之间的协调度及2个系统之间各自的发展水平。（王永明，2011）基本模型如下：

$$O=\sqrt{C^*E^*} \tag{6-9}$$

$$E^*=\alpha E_1+\beta E_2, \quad C^*=\left[E_1\cdot E_2/\left(E_1+E_2\right)^2\right]^{\frac{1}{2}} \tag{6-10}$$

其中，$E_1$和$E_2$分别表示海洋工程建设能力与承接海洋工程项目分布的综合评价指数，$\alpha$和$\beta$分别表示其权重，参照赵媛等（2021）等的研究，$\alpha$和$\beta$均取0.5；$C^*$为耦合度，$O$表示二者的耦合协调度，其取值范围均为[0，1]。其中，$0\leq O\leq0.4$为低耦合协调型，$0.4<O\leq0.5$为勉强耦合协调型，$0.5<O\leq0.8$为中度

耦合协调型，0.8＜$O$≤1为高度耦合协调型。耦合协调度越高，说明海洋工程建设能力与承接海洋工程项目分布的协调程度越好。

测度方法如下：

首先，计算热点得分，进行热点分析。将浙江省各地市承接海洋工程项目数量和海洋工程建设承载力综合得分数据连接到浙江省行政区划的.shape数据的属性表中，利用热点分析工具对浙江省各地市海洋工程建设承载力综合得分和实际承接海洋工程项目数量进行分析，得出热点得分（Giz值）。

其次，结合热点得分，使用浙江省各地市海洋工程建设承载力综合得分和实际承接海洋工程项目数量热点得分（Giz值）之差的倒数[①]，来表示各地市海洋工程建设承载力和实际承接海洋工程项目数量的耦合度。

因此，海洋工程建设承载力热点得分和实际承接海洋工程项目数量热点得分相近的地区耦合度较高，而得分差距较大的地区耦合度较低。接下来，对各地市耦合度得分进行归一化处理，根据式（6-9）和式（6-10）计算各地级市海洋工程建设承载力热点得分和实际承接海洋工程项目数量热点得分耦合协调度，具体测度结果见表6.7。

表6.7　海洋工程建设承载力热点得分与实际承接海洋工程项目数量热点得分耦合协调度

| 地　区 | 耦合度 | 耦合度排名 | 耦合协调度 | 耦合协调度排名 |
|---|---|---|---|---|
| 杭州 | 47.62 | 2 | 0.5013 | 2 |
| 宁波 | 3.43 | 7 | 0.0527 | 7 |
| 温州 | 17.54 | 3 | 0.0269 | 9 |
| 嘉兴 | 2.02 | 10 | 0.0182 | 10 |
| 湖州 | 3.66 | 6 | 0.0425 | 8 |
| 绍兴 | 1.90 | 11 | 0.1000 | 4 |
| 金华 | 4.76 | 5 | 0.0987 | 5 |
| 衢州 | 333.33 | 1 | 0.6368 | 1 |
| 舟山 | 5.35 | 4 | 0.1148 | 3 |
| 台州 | 2.14 | 9 | 0.0130 | 11 |
| 丽水 | 3.19 | 8 | 0.0668 | 6 |

---

① 详见：片峰,栾维新,李丹,等.中国钢铁工业生产消费地空间耦合分析[J].地域研究与开发,2014,33(3):11-15,20.

## 三、横向对比分析

在海洋工程建设承载力与实际承接海洋工程项目数量耦合协调测度结果的基础上，对各地市海洋工程建设承载能力与实际承接海洋工程项目数量的耦合度、耦合协调度进行横向类型对比分析，结果如表6.8所示。

表6.8　海洋工程建设承载力与实际承接海洋工程项目数量耦合协调类型分析

| 地　区 | 耦合度类型 | 耦合协调类型 |
|---|---|---|
| 杭州 | 高度耦合 | 中度耦合协调型 |
| 宁波 | 低度耦合 | 低度耦合协调型 |
| 温州 | 高度耦合 | 低度耦合协调型 |
| 嘉兴 | 低度耦合 | 低度耦合协调型 |
| 湖州 | 中度耦合 | 低度耦合协调型 |
| 绍兴 | 低度耦合 | 低度耦合协调型 |
| 金华 | 中度耦合 | 低度耦合协调型 |
| 衢州 | 高度耦合 | 中度耦合协调型 |
| 舟山 | 中度耦合 | 低度耦合协调型 |
| 台州 | 低度耦合 | 低度耦合协调型 |
| 丽水 | 低度耦合 | 低度耦合协调型 |

由表6.8可知，浙江省大部分地区的海洋工程建设承载力和实际承接海洋工程项目数量的耦合程度不高，说明目前的海洋工程项目承接空间布局不甚合理，仅有衢州、杭州、温州3个地区的海洋工程建设承载力和实际承接海洋工程项目数量的耦合度较高，其海洋工程建设承载力得到有效发挥。舟山、湖州和金华属于中度耦合地区，其实际承接海洋工程项目数量与海洋工程建设承载力基本匹配但不充分；根据热点得分，舟山实际承接海洋工程项目数量超过其承载力，而湖州和金华的海洋工程建设承载力虽然不高，但并未得到充分发挥。丽水和宁波的海洋工程建设承载力和实际承接海洋工程项目数量的耦合度一般，其实际承接海洋工程项目数量与海洋工程建设承载力欠匹配，其中丽水海洋工程建设承载力有余而实际承接海洋工程项目不足，而宁波则是海洋工程建设过度。嘉兴、绍兴和台州3个地区海洋工程建设承载力未得到充分发挥，导致其海洋工程建设承载力和实际承接海洋工程项目

数量耦合度较差。

耦合协调度的测算结果表明,各地区海洋工程建设承载力和实际承接海洋工程项目数量的协调性地区差异大,杭州和衢州为中度耦合协调,其余地市均为低度耦合协调型。

## 四、小结与建议

基于海洋工程建设承载力和实际承接海洋工程项目数量空间布局差异和耦合协调度的测算结果发现,宁波、舟山、杭州、温州等沿海地区海洋工程建设承载力虽然较高,但部分已超负荷承接海洋工程项目,而其余地区海洋工程建设承载力则未得到有效利用,浙江省各地区海洋工程建设承载力和实际承接海洋工程项目数量耦合协调度较低。

因此,本部分结合浙江省各个地区的经济发展状况,深度发掘导致各沿海地区海洋工程建设承载力与海洋工程项目分布不协调的因素,特提出如下改善地区海洋工程建设承载力与海洋工程项目分布协调性的建议。

(1)强化海洋工程项目建设管理,完善海洋工程管理体系。政府应加大海洋工程科技投入力度,提升具备良好海洋工程承载力基础条件的地区的技术条件,优化现有的海洋工程项目承载空间布局。

(2)建立海洋工程建设承载力子系统——耦合决策支持系统。在长期粗放型海洋资源开发的背景下,关注海洋工程项目建设承载力较高但生态较脆弱的沿海地区,创建沿海地区海洋工程建设项目多地优势资源承接、协调运作新模式。建立各地区海洋工程建设承载力和实际海洋工程项目承接度的耦合分析系统,通过多情景模拟,实现海洋工程建设的"不协调"向"资源最优配置"转化。

(3)注重各地区的海洋工程建设发展规划。通过对海洋资源开发未来目标和海洋工程实现模式进行部署,促进海洋开发和经济、科技、环境资源系统的平衡,注重战略导向和保护调控,实现海洋工程建设承载力有效利用和有序发展。在对各地区进行地域特征分析的基础上,计算合理的地区海洋工程承载力,测评海洋工程承载指数;并在耦合分析的基础上,对各地区发展滞后的影响因素进行改造,实现海洋工程承载力子系统中各影响因素的均衡发展。

## 第三节 │ 浙江省海洋工程咨询服务与海洋工程项目分布
耦合性分析

由于海洋环境的复杂多变，海洋工程对开发技术、安全标准、可行性论证等方面的要求十分严格，同时海洋工程耗资巨大，一旦发生事故后果十分严重，因而海洋资源的开发和海洋空间的利用必须有配套的高质量的海洋工程咨询服务。为保证为海洋强国建设提供优质咨询服务，国家发展和改革委员会于2017年发布的《服务业创新发展大纲（2017—2025）》指出，要加快提升海洋工程咨询服务。海洋工程咨询服务包括海洋工程可行性论证、设计、勘察、监理、海域使用论证、环境影响评价、安全评估和第三方检测咨询服务等。海洋工程咨询服务既能为各涉海部门和单位研究海洋政策和协调海洋工作提供海洋工程标准化建设服务，也在重大海洋问题研究、海洋防灾减灾、法律法规和政策规划拟定、信息与科研交流合作等方面发挥重要作用，因而测度现有海洋工程咨询服务与海洋工程项目分布耦合度和协调性无疑具有重要意义。

本节将通过构建相应耦合协调模型，分析各沿海地市海洋工程咨询服务的供给与海洋工程项目分布之间的耦合关系，然后进行区域横向对比，总结存在的问题，并针对海洋工程咨询服务改进提出相应的对策建议。

### 一、测度指标

与前述分析海洋工程建设承载力与海洋工程项目分布协调性的分析相类似，耦合度和耦合协调模型同样可以用于分析海洋工程咨询服务与海洋工程项目分布耦合关系。其中耦合度表达式如下：

$$C = \frac{2S}{E_1 + E_2} = 2\sqrt{1 - \frac{E_1 E_2}{\left(\frac{E_1 + E_2}{2}\right)^2}} \qquad (6\text{-}11)$$

其中：$C$ 为海洋工程咨询服务与海洋工程项目分布的变异系数，表示二者之间的离散程度；$S$ 表示 $E_1$ 和 $E_2$ 的协方差，$E_1$ 表示海洋工程咨询服务得分，$E_2$ 表示海洋工程项目分布情况。

变异系数 $C$ 越小，表明海洋工程咨询服务与海洋工程项目分布的协调度越高；变异系数 $C$ 越大，则说明二者的协调度越低。因此，若变异系数为最小值时，即要求 $\dfrac{E_1 E_2}{\left(\dfrac{E_1 + E_2}{2}\right)^2}$ 的值要达到 1，此时海洋工程咨询服务与海洋工程

项目分布之间的协调度最高。故耦合度公式可调整为：

$$C^* = \left[\frac{E_1 E_2}{\left(\dfrac{E_1 + E_2}{2}\right)^2}\right]^k \tag{6-12}$$

其中：$k$ 表示调节系数，在此取 1/2；$C^*$ 表示二者的耦合度。

与耦合度稍微不同，耦合协调度模型用以测度二者之间的协调度及 2 个系统各自的发展水平。基本模型如下：

$$O = \sqrt{C^* E^*} \tag{6-13}$$

$$E^* = \alpha E_1 + \beta E_2 \tag{6-14}$$

其中：$E^*$ 表示海洋工程咨询服务与海洋工程项目分布的综合评价指数，$\alpha$ 和 $\beta$ 分别表示其权重；$O$ 表示二者的耦合协调度。耦合协调度越高，说明海洋工程咨询服务与海洋工程项目分布的协调度越好。

## 二、实际测算

结合《中国海洋工程年鉴》《浙江海洋经济发展重大建设项目实施计划》《浙江省海洋资源环境发展报告》和《浙江省海域使用管理公报》等资料及相关的综合评价结果，采用上述耦合度和耦合协调模型，分别以浙江省主要沿海地市各项海洋工程咨询服务单位数与海洋工程项目数，作为海洋工程咨询服务和海洋工程项目分布情况的测度指标，来测度主要沿海地市海洋工程咨询服务与海洋工程项目分布的耦合度和耦合协调度，结果如表6.9所示。

表6.9　浙江省主要沿海地市海洋工程咨询服务与海洋工程项目分布协调性分析结果

| 地　区 | 耦合度 | 耦合协调度 |
|---|---|---|
| 嘉兴 | 0.9334 | 0.3306 |
| 宁波 | 0.8362 | 0.9132 |
| 舟山 | 0.6904 | 0.7246 |
| 温州 | 0.8345 | 0.7112 |
| 台州 | 0.8871 | 0.2978 |

注：受数据可得性限制，此表中仅测度嘉兴、宁波、舟山、温州和台州5个地区的海洋工程咨询服务与海洋工程分布协调性。

## 三、对比分析

依据海洋工程咨询服务与海洋工程项目分布协调性分析结果（见表6.9），对浙江省主要沿海地市海洋工程咨询服务与海洋工程项目分布的耦合性状况进行横向对比分析。此时主要沿海地市根据耦合度的高低得到的排序如下：嘉兴＞台州＞宁波＞温州＞舟山。其中，台州、宁波、温州、舟山4个地市海洋工程咨询服务和海洋工程项目分布的耦合度在0.50—0.90，耦合性较好，说明这4个地市海洋工程咨询服务和海洋工程项目分布的关系基本稳定，其中嘉兴的耦合度为0.9334，表明该地市海洋工程咨询服务和海洋工程项目分布处于最佳耦合状态。整体来看，尽管浙江省主要沿海地市海洋工程咨询服务与海洋工程项目分布耦合度较高，但耦合协调度的地区差异较大。

由表6.9可知，宁波海洋工程咨询服务与海洋工程项目分布的耦合协调度为0.9132，为高度耦合协调型；温州和舟山次之，耦合协调度介于0.70—0.80之间，为中度耦合协调型；而嘉兴和台州海洋工程咨询服务与海洋工程项目分布的耦合协调度分别为0.3306和0.2978，为低度协调耦合型（详见表6.9）。

进一步从各项海洋工程咨询服务与海洋工程项目分布的耦合度来看，嘉兴各项海洋工程咨询服务与海洋工程项目分布的耦合度远高于其他地区，舟山海洋工程可行性论证、海洋工程设计，温州海洋工程监理、海洋工程环境影响评价与海洋工程项目分布的耦合度均高于0.40，其他各项咨询服务与海洋工程项目分布耦合度较低；台州和宁波地区整体海洋工程咨询服务与海洋工程项目分布耦合度较低（详见表6.10）。

表6.10　各项海洋工程咨询服务与海洋工程分布耦合协调性分析结果

| 咨询服务类别 | 宁 波 | 嘉 兴 | 台 州 | 温 州 | 舟 山 |
|---|---|---|---|---|---|
| 海洋工程可行性论证 | 0.1337 | 0.7838 | 0.2672 | 0.3554 | 0.4728 |
| 海洋工程设计 | 0.1883 | 0.8962 | 0.2786 | 0.4317 | 0.4728 |
| 海洋工程勘察 | 0.1940 | 0.8513 | 0.2711 | 0.2859 | 0.3445 |
| 海洋工程监理 | 0.1940 | 0.8768 | 0.2672 | 0.4574 | 0.4359 |
| 海洋工程海域使用论证 | 0.1566 | 0.7548 | 0.2860 | 0.3884 | 0.3445 |
| 海洋工程环境影响评价 | 0.1940 | 0.8010 | 0.3408 | 0.4000 | 0.4359 |
| 海洋工程安全评估 | 0.1337 | 0.7599 | 0.2095 | 0.2278 | 0.2842 |
| 第三方检测 | 0.1634 | 0.7332 | 0.2290 | 0.2859 | 0.3938 |
| 其他咨询服务 | 0.0821 | 0.5635 | 0.1696 | 0.1452 | 0.2031 |

## 四、小结与建议

根据浙江省主要沿海地市的海洋工程咨询服务与海洋工程项目分布协调性的测算结果，结合浙江省各个地区的经济发展状况，深度发掘导致主要沿海地市的海洋工程咨询服务与海洋工程项目分布不协调的因素，从而有针对性地提出提升地区海洋工程咨询服务能力的建议。

（1）提高海洋工程标准化建设咨询服务水平。从国内外海洋工程标准摸底调查、海工标准体系研究、团体标准管理制度建立等方面入手，加强海域海岛评估、海工装备团体标准等行业标准的编制和制定及质量监管等方面的工作。

（2）加强沿海大型工程海洋灾害风险排查工作。通过制定海洋灾害风险名录，编制技术规程，排查试点，构建信息平台框架等，梳理形成可复制、易推广的风险排查技术产品目录，进一步提升海洋防灾减灾工作能力。

（3）加强海洋工程科学技术推广和生态文明建设交流等工作。围绕中心、服务大局，牢固树立新发展理念，努力提升海洋工程领域科技创新在搭建海洋工程领域公平、客观的服务平台的作用；强化海洋科技创新奖励和激励机制，不断提高创新主体的积极性，遴选、推荐高质量海洋工程项目，充分发挥海洋工程咨询服务在海洋开发和海洋治理方面的作用。引导市场向基础性、战略性核心技术和关键共性技术领域倾斜，引导以企业为主体、市场

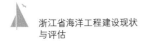
为导向、产学研相结合的海洋工程技术创新，推进海洋产业结构优化和战略性新兴产业形成。

通过上述途径，可充分发挥各地市海洋工程咨询服务的作用，重点提升耦合协调关系较弱地区的配套咨询服务能力，从而切实提升海洋工程咨询服务对海洋工程建设的支撑作用。

第七章

浙江省围填海项目综合

效益评估

大规模围填海给土地紧缺的沿海地区带来社会效益、经济效益的同时，也给海洋的生态环境、渔业资源等带来一些负面效应，故而应该综合考虑围填海项目对经济、社会和生态环境等方面的影响。本章将根据《中国海洋年鉴》《浙江省海洋经济发展报告——经济地理学视角》《浙江省海域使用管理公报》《浙江省围填海空间格局分析》及其他海洋经济统计数据资料，结合浙江省围填海项目收益现状，运用比率分析法、市场价值法、成果参照法等，对浙江省各沿海地市的围填海项目进行综合效益评价；在评价测算的基础上，进一步开展沿海地市综合效益的对比分析，以发现其中存在的不足，并提出提升围填海项目综合效益的合理化建议。

## 第一节 | 围填海项目综合效益评估指标体系

本节从对浙江省主要沿海地市的围填海项目进行综合效益评价的角度出发，首先考虑用何种指标来反映围填海项目的综合效益，以及采用什么方法来测度这种效益的大小问题。鉴于围填海会对海洋的生态环境、渔业资源等带来负面效应，无疑应将这些负的外部性作为围填海项目的成本加以考量，本节在考虑围填海基本成本的同时，也考虑了围填海所造成的生态服务价值的损失。（熊鹏等，2007；刘晴等，2013）其中的成本计算公式为：

$$C = C_e + C_p + C_r + C_f + C_u \tag{7-1}$$

其中：$C$ 为总成本；$C_e$ 为生态成本；$C_p$，$C_r$ 和 $C_f$ 分别代表围填海的工程成本、融资成本和其他费用；而 $C_u$ 则代表为围填海所形成土地而缴纳的土地出让金，其他的一些费用鉴于数据的可得性和所占比例较小等，忽略不计。

生态成本的计算公式为：

$$C_e = \sum_{t=0}^{50} \frac{C_0 S}{(1+i)^t} \tag{7-2}$$

其中：$C_0$ 为单位面积潮滩湿地的生态服务价值；$S$ 是围填海的面积，$i$ 为贴现率，参照2019年银行定期利率，取2.75%；$t$ 是用海年限，一般取 $t = 50$。

而围填海收益估算则主要参照围填海所形成的市场价值来计算。其计算公式为：

$$P = P_0 S \qquad (7\text{-}3)$$

其中，$P_0$为工程附近陆域同类型土地的基准价格。

据此，就可以评估围填海的效益情况，这里采用单位面积的围填海实际效益来反映。计算公式为：

$$B_r = (P - C)/S \qquad (7\text{-}4)$$

其中，$B_r$为单位面积的围填海效益值。

# 第二节 | 浙江省沿海地市围填海项目综合效益测算

结合上述指标及各个计算公式，本节对浙江省杭州、宁波、温州、嘉兴、绍兴、舟山、台州7个沿海地市及其所辖的34个沿海县（市、区）的实际综合效益进行测算。

## 一、围填海成本评估

浙江省滨海湿地处于我国海岸中段，位置处在 E119°38′—123°10′，N27°06′—31°03′之间，行政范围涉及杭州、宁波、温州、嘉兴、绍兴、舟山、台州和丽水等8市47县。2014年浙江省第二次湿地调查结果显示，浙江省滨海湿地总面积为703039.82公顷，生态服务功能总价值约为275434.32万元，即浙江省单位面积潮滩湿地的生态服务价值为0.39万元/公顷。（吴明，2017）因此，结合式（7-2）可得出2015年各市围填海生态成本，结果如表7.1所示。

表7.1　浙江省部分沿海地市围填海项目成本[①]（2015年）

单位：万元

| 地　区 | 生态成本 | 工程成本 | 融资成本 | 其他费用 | 土地出让金 | 总成本 |
|---|---|---|---|---|---|---|
| 宁波 | 81972.30 | 1918454.45 | 43901.00 | 241980.00 | 14183.85 | 2300491.60 |
| 台州 | 89754.42 | 1219755.16 | 75345.00 | 52026.76 | 3620.73 | 1440502.07 |
| 温州 | 86146.90 | 2014007.12 | 1970530.00 | 7036.50 | 40331.50 | 4118052.02 |

---

①注：因杭州和绍兴相关数据缺失，表中并未涉及其围填海项目成本测算，以下同。

| 地　区 | 生态成本 | 工程成本 | 融资成本 | 其他费用 | 土地出让金 | 总成本 |
|---|---|---|---|---|---|---|
| 嘉兴 | 5186.53 | 413906.00 | 204827.00 | 31051.51 | 0 | 654971.04 |
| 舟山 | 90752.87 | 7289652.32 | 130300.00 | 44970.00 | 13253.40 | 7568928.59 |
| 合计 | 353813.02 | 12855775.05 | 2424903.00 | 377064.77 | 71389.48 | 16082945.33 |

目前，浙江省现有围填海工程成本主要由生态成本、工资成本、融资成本、其他费用及土地出让金构成。其中，宁波围填海工程生态成本为81972.30万元，工程成本为1918454.45万元，融资成本为43901.00万元，其他费用为241980.00万元，土地出让金为14183.85万元，围填海总成本为2300491.60万元，单位面积成本为295.49万元/公顷。台州围填海工程生态成本为89754.42万元，工程成本为1219755.16万元，融资成本为75345.00万元，其他费用为52026.76万元，土地出让金为3620.73万元，围填海总成本为1440502.07万元，单位面积成本为159.06万元/公顷。温州围填海工程生态成本为86146.90万元，工程成本为2014007.12万元，融资成本为1970530.00万元，其他费用为7036.50万元，土地出让金为40331.50万元，围填海总成本为4118052.02万元，单位面积成本为503.87万元/公顷。嘉兴围填海工程生态成本为5186.53万元，工程成本为413906.00万元，融资成本为204827.00万元，其他费用为31051.51万元，围填海总成本为654971.04万元，单位面积成本为1493.98万元/公顷。舟山围填海工程生态成本为90752.87万元，工程成本为7289652.32万元，融资成本为130300.00万元，其他费用为44970.00万元，土地出让金为13253.40万元，围填海总成本为7568928.59万元，单位面积成本为878.01万元/公顷。在围填海总成本中，工程成本所占比重最大，基本在50%以上，其次为融资成本，生态成本、其他费用和土地转让金所占比重较小。浙江省围填海成本构成如图7.1—图7.6所示。

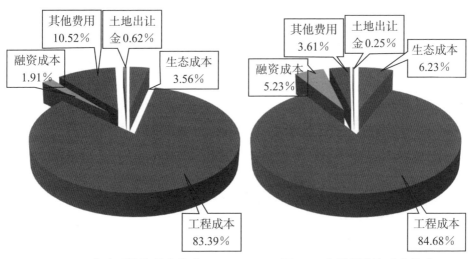

图7.1　宁波围填海成本构成　　　　图7.2　台州围填海成本构成

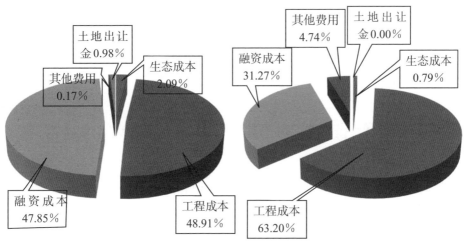

图7.3　温州围填海成本构成　　　　图7.4　嘉兴围填海成本构成

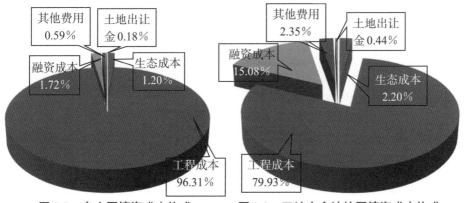

图7.5　舟山围填海成本构成　　　　图7.6　五地市合计的围填海成本构成

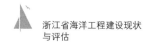

## 二、围填海收益评估

浙江省各沿海地市均涉及不同的围填海工程项目，包含跨海桥梁工程、沿海码头工程、滨海电厂工程、航道疏浚工程、船舶修造工程等等。本部分围填海工程收益计算所适用的土地价格为各沿海地市最新工业基准地价平均值，各沿海地市围填海收益评估结果见表7.2。

表7.2　浙江省部分沿海地市围填海综合效益评估结果（2015年）

| 地区 | 围填海项目收益 | | 围填海项目成本 | | 围填海综合效益 | |
|---|---|---|---|---|---|---|
| | 总收益（万元） | 单位收益（万元/公顷） | 总成本（万元） | 单位成本（万元/公顷） | 总效益（万元） | 单位效益（万元/公顷） |
| 宁波 | 8551350.93 | 1098.38 | 2300491.60 | 295.49 | 6250859.33 | 802.89 |
| 台州 | 2919668.12 | 342.50 | 1440502.07 | 168.98 | 1479166.05 | 173.52 |
| 温州 | 9518338.99 | 1163.33 | 4118052.02 | 503.31 | 5400286.97 | 660.02 |
| 嘉兴 | 285706.84 | 580.00 | 654971.04 | 1329.63 | −369264.20 | −749.63 |
| 舟山 | 3458539.64 | 401.25 | 7568928.59 | 878.13 | −4110388.95 | −476.88 |
| 合计 | 24733604.52 | 736.03 | 16082945.33 | 478.60 | 8650659.19 | 257.43 |

# 第三节｜浙江省沿海地市围填海项目综合效益比较

首先，浙江省各沿海城市围填海工程现有围填海成本介于 $6.55 \times 10^5$ 万元－ $7.57 \times 10^6$ 万元之间，单位面积成本介于168.98万元/公顷－1329.63万元/公顷，其中大部分的工程成本占总成本的50%以上。

其次，就围填海项目收益来看：温州单位收益最高，为1163.33万元/公顷；宁波次之，为1098.38万元/公顷；单位收益最低的是台州，仅为342.50万元/公顷。

最后，从考虑了围填海项目收益与成本之后计算出来的单位效益来看，宁波最高，为802.69万元/公顷；温州次之，为660.02万元/公顷；台州仅为173.52万元/公顷；而嘉兴和舟山为负值，分别为−749.63万元/公顷和−476.88万元/公顷。

# 第四节 | 浙江省围填海项目综合效益提升对策

根据上述对浙江省围填海项目发展趋势的分析，结合浙江省各个沿海地市的经济发展状况，本章深度挖掘出各沿海地市围填海项目发展过程中效益低下的原因，从而基于降低融资成本、加大政策扶持力度、加强围填海工程管控和减少生态损失4个角度，提出以下提升围填海效益的区域发展策略。

（1）降低融资成本，引导集约高效用海。在全国围填海总量收紧的情况下，浙江省必须树立科学评估用海需求、降低融资成本、有序生态围垦的蓝色空间利用意识，并将其作为海洋经济发展的价值取向。为海洋经济建设提供用海用岛要素支撑与服务，开展用海需求调查和已确权围填海项目核查，评估各地存量围填海盘活、单位用海产出效益、生态保护绩效等情况，督促各地加快"围而未用"用海项目建设落地；根据政府产业导向，制定鼓励、限入、禁入的产业指导意见，重点支持海洋经济"两区"建设重大项目，优化涉海行政审批，对投资50亿元以上的用海企业开设省、市、县三级联动审批"绿色通道"，确保建设用海项目类型、单位用海投资强度和产出水平符合国家和省产业政策要求；同时实施海洋经济创新发展区域示范项目，探索环评服务体系和环境监测市场化改革，推行重大用海项目社会稳定风险评估制度。

（2）制定围填规划体系，统筹资源有序填海。目前，浙江省出现围填海分布结构不协调，致使围填不足与部分区域围填过剩现象并存。此外，由于浙江省土地利用总体规划、城市总体规划与海洋功能区划间尚未实现有效衔接，在海洋功能区划修编后，存在部分存量用海资源，加之产业用海矛盾的存在，造成一定程度上海域空间的低效利用。因此，亟须正确认识并科学围填海域资源，建立起覆盖全省的海域收储制度，并进行规划对接，实现存量挖潜，规范开发秩序，为全省社会经济发展进一步拓展空间载体。

从国内外经验来看，围填海历史较长，取得好效果的国家或地区均在早期制定了规划，从宏观到微观层层深入，加强对围填海地区的规划指引，使很多地区的围填海建设可以长期有序地进行,其中以我国香港和日本尤为突出。我国香港采用由政府主导的整体填海计划,每项填海工程至少包含3个层次的规划指导,即都会计划、各区填海规划指引及海滨城市设计。根据工程的进展、城市的发展及公众的意愿,各层次规划还会适时调整和修改,以适应城市发展需求。日本十分注重对围填海区域的整体规划,日本政府在20世纪60年代曾2次制定新产业都市和沿海工业发展区域规划,统一进行沿海工业布局,明确了都市带和工业带的规划位置和范围,使之经过长期、快速、大规模的填海活动后,仍保持着有序规划布局和较大的贮备发展空间。

(3)加强围填工程管控,引导科学填海方式。对于土地资源紧缺的沿海国家来说,完全堵住向海要地的需求是不可能的。受宏观经济下行压力增大、经济增速放缓的影响,企业意向投资减少,重大项目落地少,且因国家从严控制围填海活动,区域建设用海范围内的填海活动受到抑制,项目用海形式有所放缓。2015年,温州共获批填海项目46个,面积为552.34公顷,同比分别下降33.3%和12.2%,但新增填海面积中建设用地面积占了5成多,这有效地满足了涉海产业重点区块开发建设的需要。同时,核发海域使用权证书59本(含申请审批和招拍挂项目),确权面积为725.24公顷,同比分别下降28.9%和57.8%,其中通过招拍挂方式核发25本,确权面积为77.62公顷。招拍挂项目主要用海为工业用海(占97.4%)和交通运输用海(占2.6%)。办理海域使用权抵押登记20本(抵押登记用海类型主要为工业用海、渔业用海、交通运输用海、造地工程用海),抵押金额近13亿元,面积为319.37公顷,同比分别下降31.0%、20.2%和增长13.5%,有效解决了用海企业资金紧缺的问题,盘活了生产要素,促进了海洋经济发展。

(4)积极恢复生态环境,降低围填负面影响。不少沿海国家通过围填海获得大量平整成片的土地,缓解了城市建设和工农业用地紧张的状况,从而带来了巨大的经济效益。与此同时,过度和缺乏科学指导的围填海工程及对围填海地区的不合理利用造成了恶劣的负面影响。首先,大规模的围填海等海岸工程建设,导致沿海滩涂、湿地面积减少,对海洋生态环境产生不同程度的影响,使局部海域生态功能明显下降。其次,近岸海域污染趋势尚未得到有效遏制,工业、农业、商业及生活等方面产生的陆源污染物对海洋影响仍然很大。2015年，由瓯江、飞云江、鳌江携带入海的主要污染物（化学需氧量、氨氮、总磷、石油类、重金属、砷）共计94万吨，导致河口及周边海域水质遭到不同程度的损害。互花米草入侵严重，加速部分滩涂的淤涨，并对红树林等当地原生态系统造成了明显威胁。此外，由于对围填海的认识不足，防洪潮的论证和建设不适合，很多地区还出现了内涝、洪水、地面沉降等问题。面对围填海工程带来的种种负面影响，一些国家认识到，只有大力遏制环境污染，努力恢复海洋生态健康，才能确保沿海地区经济社会的可持续发展。为了减轻20世纪六七十年代通过大肆围填海造地发展工业经济带来的后遗症，日本政府立法限制各种工厂和城市的排污，还投入巨资设立专门的"再生补助项目"，希望找到恢复生态环境的方法。

第八章

浙江省围填海建设动因

分析及需求预测

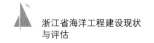

本章涉及两方面内容：其一，从影响围填海规模扩张的社会经济因素出发，探讨浙江省围填海建设影响因素；其二，运用主成分回归方法，预测浙江省各沿海地市未来5年的围填海需求规模。

# 第一节 | 浙江省围填海建设的动因分析

本节在整理《中国海洋年鉴》《国家海洋局公报》及《浙江省海域使用管理公报》《浙江省海洋资源环境发展报告》《浙江省海洋环境资源基本现状》等资料的基础上，结合浙江省各项社会经济动态数据，从影响围填海规模扩张的人口规模、经济发展水平、海洋经济发展状况及沿海地价水平等社会经济因素出发，运用灰色关联分析法对浙江省各沿海地市的围填海规模与驱动因素指标进行关联度分析，以此来把握各项社会经济因素与各沿海地市的围填海规模之间的关系密切程度，并找出影响围填海的主要驱动因素，进而提出控制围填海规模的合理建议。

## 一、分析模型与方法

由于围填海的各社会经济驱动因素之间及其与主行为之间的关系十分复杂、不够明确，呈现出典型的灰色系统特点，运用主成分分析或者因子分析法存在一定的困难；而且每年新增的围填海规模统计的数据又十分有限，样本量比较小，使得用以分析的样本不尽符合一般的定量分析要求。而灰色关联分析法则克服了一般统计分析方法追求大样本、典型分布、大计算量等弱点，能够提供一个系统变动趋势的量化工具，非常适合动态的历程分析。（罗党等，2005；孙芳芳，2010）本部分运用该方法分析不同社会经济驱动因素对围填海规模的影响程度。

灰色关联分析法是一种运用灰色关联度顺序来描述各个因素之间相关关系强弱的方法。其具体步骤如下。

第一步，确定反映系统动态特征的序列 $\{X_i\}$，以及参考序列 $X_0=(x_{01} \ x_{02} \ x_{03} \ \cdots \ x_{0p})$，其中 $X_i=(x_{i1} \ x_{i2} \ x_{i3} \ \cdots \ x_{ip})$，$i=1, 2, 3, \cdots, n$。$X_i$ 为 $n$ 个评价对

象 $p$ 个指标的实际值序列，$X_0$ 为相应的参考序列。

第二步，对特征序列进行无量纲化处理。灰色综合评价方法较多地使用极值化方法对数据进行无量纲化处理，因此本节采用极值化变换方法。所谓极值化变换方法，是指通过各个序列的指标值除以该序列的标准值得到无量纲化的序列。对于标准值的选择，需要考虑到指标的属性，若指标为正向指标，即指标数值越大越好，则其标准值选择最大值；若指标为逆向指标，即指标数值越小越好，则标准值选择最小值。极值化变换方法公式如下：

$$y_{ij} = \begin{cases} x_i/x_{i\max}, & \text{正指标} \\ x_{i\min}/x_i, & \text{负指标} \end{cases} \tag{8-1}$$

其中，$y_{ij}$ 为无量纲化后的指标数据，$x_{i\max}$ 为最大值，$x_{i\min}$ 为最小值。

第三步，求差序列、最大差和最小差。分别求出参考序列与其余评价序列的差值的绝对值，求得绝对差序列。

$$\Delta_i = (\Delta_{i1} \ \Delta_{i2} \ \cdots \ \Delta_{ip}) \ (i=1, \ 2, \ 3, \ \cdots, \ n) \tag{8-2}$$

$$\Delta_{ik} = |y_{ik} - y_{0k}| \ (i=1, \ 2, \ 3, \ \cdots n; \ k=1, \ 2, \ 3, \ \cdots, \ p) \tag{8-3}$$

其中，$\Delta_i$ 为绝对差序列。根据绝对差序列可以求得各评价对象的绝对差矩阵，由此得到矩阵中的最大数和最小数即为最大差和最小差。

$$\Delta_{\max} = \max_{\substack{1 \leqslant k \leqslant p \\ 1 \leqslant i \leqslant n}} \{\Delta_{ik}\} \tag{8-4}$$

$$\Delta_{\min} = \min_{\substack{1 \leqslant k \leqslant p \\ 1 \leqslant i \leqslant n}} \{\Delta_{ik}\} \tag{8-5}$$

第四步，计算灰色关联系数。利用最大差 $\Delta_{\max}$ 及最小差 $\Delta_{\min}$ 计算第 $i$ 个评价对象第 $k$ 个指标与参考序列的关联系数 $\xi_i(k)$。

$$\xi_i(k) = \frac{\Delta_{\min} + \rho\Delta_{\max}}{\Delta_{ik} + \rho\Delta_{\max}} \ (i=1, \ 2, \ 3, \ \cdots, \ n; \ k=1, \ 2, \ \cdots, \ p) \tag{8-6}$$

其中，$\rho$ 为分辨系数，$0 \leqslant \rho \leqslant 1$，一般取 $\rho=0.5$。

第五步，根据关联系数序列，计算关联度。

$$\gamma_i = \sum_{k=1}^{p} \xi_i(k) w_k \ (i=1, \ 2, \ 3, \ \cdots, \ n) \tag{8-7}$$

其中，$\xi_i(k)$ 为第 $i$ 个评价对象的第 $k$ 个指标的关联系数，$w_k$ 为第 $k$ 个指标的权重，$\gamma_i$ 为第 $i$ 个评价对象的关联度。

## 二、统计指标筛选

加强对沿海地区围填海驱动因素的研究，对于海岸线变化、海域监管和重大填海工程决策具有重要意义。目前相关研究对围填海驱动因素的关注主要集中在低成本获得新增土地价值上。除此之外，政策因素、人口密度、工业产值及固定资产投资等，也被认为对围填海规模的不断扩张起着助推作用。故而，本部分在借鉴这些已有研究的基础上，结合浙江省围填海发展现实，认为沿海地区的人口、经济发展水平、固定资产投资、旅游经济发展和综合地价等是影响围填海规模发展的重要因素。

基于上述考虑，本部分选取年末户籍人口和城镇化水平表征区域人口水平，并预测这2个因素对填海规模有正向影响；以地区生产总值、规模以上工业总产值及固定资产投资额表征区域经济发展水平，并预测这3个因素对填海规模有正向影响；以港口货物吞吐量表征海上交通运输业发展水平，以旅游总收入表征滨海旅游业发展水平，并预测这2个因素对填海规模有正向影响；以综合地价增长率来表征沿海城市的地价水平（由于《中国国土资源统计年鉴》仅公布重点城市综合地价增长率，没有公布省份的综合地价增长率，本部分采用已公布的浙江省5个城市的综合地价增长率的平均值代表浙江省综合地价增长率），并预测该因素对填海规模有正向影响。

通过整理《浙江自然资源与环境统计年鉴》《浙江海洋经济发展重大建设项目实施计划》及《浙江省海洋经济发展报告》等资料，汇总各地统计年鉴的数据，将各指标汇总，如表8.1所示。

表8.1　指标汇总及数据来源

| 序　号 | 指标名称 | 数据来源 |
|---|---|---|
| 1 | 围填海面积 | 《浙江省海域使用管理公报》《浙江省海洋资源环境发展报告》等 |
| 2 | 年末户籍人口 | 统计年鉴 |
| 3 | 城镇化水平 | 统计年鉴 |
| 4 | 地区生产总值 | 统计年鉴 |
| 5 | 规模以上工业总产值 | 统计年鉴 |
| 6 | 固定资产投资额 | 统计年鉴 |

| 序 号 | 指标名称 | 数据来源 |
|:---:|:---:|:---:|
| 7 | 旅游总收入 | 统计年鉴、旅游年鉴 |
| 8 | 港口货物吞吐量 | 统计年鉴 |
| 9 | 综合地价增长率 | 《中国国土资源统计年鉴》 |

## 三、关联关系测算与分析

本研究中，参考序列为浙江省填海规模，比较序列为衡量人口水平、经济发展水平、海洋经济发展水平及地价水平等的8个指标。在对上述被认为对围填海规模具有重要影响的变量汇总的基础上，采用均值化处理原始数据，再按上述步骤，运用灰色关联分析法来考察各个变量与围填海规模之间的灰色关联度，从而得到表8.2。

表8.2 2011—2017年灰色关联系数及关联度分析结果

| 经济驱动因素 | 变 量 | $\xi_i(k)$ | | | | | | | $\gamma_i$ | 灰色关联度排名 |
|:---:|:---:|:---:|:---:|:---:|:---:|:---:|:---:|:---:|:---:|:---:|
| | | 2011年 | 2012年 | 2013年 | 2014年 | 2015年 | 2016年 | 2017年 | | |
| 人口水平 | 年末户籍人口 | 0.57 | 0.49 | 0.47 | 0.54 | 0.62 | 0.55 | 0.64 | 0.56 | 2 |
| | 城镇化水平 | 0.56 | 0.48 | 0.47 | 0.54 | 0.62 | 0.54 | 0.63 | 0.55 | 3 |
| 经济发展水平 | 地区生产总值 | 0.51 | 0.45 | 0.46 | 0.55 | 0.60 | 0.50 | 0.54 | 0.52 | 6 |
| | 规模以上工业总产值 | 0.54 | 0.47 | 0.47 | 0.53 | 0.60 | 0.53 | 0.63 | 0.54 | 5 |
| | 固定资产投资额 | 0.46 | 0.43 | 0.44 | 0.54 | 0.56 | 0.47 | 0.52 | 0.49 | 8 |
| 海洋经济发展水平 | 港口货物吞吐量 | 0.54 | 0.48 | 0.47 | 0.54 | 0.62 | 0.55 | 0.59 | 0.54 | 4 |
| | 旅游总收入 | 0.46 | 0.43 | 0.44 | 0.57 | 0.55 | 0.49 | 0.48 | 0.49 | 7 |
| 地价水平 | 综合地价增长率 | 0.48 | 0.94 | 0.77 | 0.66 | 1.00 | 0.35 | 0.84 | 0.72 | 1 |

从表8.2中，不但可以分析出各个变量与围填海规模之间的灰色关联度，也可以看出各个变量与围填海规模之间的灰色关联系数随时间的推移而变

化。浙江省填海社会经济驱动因素的灰色关联分析结果如下：

（1）年末户籍人口和城镇化水平等反映人口水平的指标与浙江省填海规模的关联度分别为0.56和0.55，灰色关联度排名分别为第2和第3，说明浙江省人口数量和人口城乡结构的发展基本一致，人口水平对浙江省填海活动的驱动作用较好。

（2）反映经济发展水平的地区生产总值、规模以上工业总产值和固定资产投资额指标与浙江省填海规模的关联度分别为0.52、0.54和0.49，灰色关联度排名分别为第6、第5和第8，说明浙江省经济增长对围填海活动的驱动作用一般。

（3）在衡量海洋经济发展水平的指标中，港口货运吞吐量与浙江省填海规模的关联度为0.54，略高于旅游总收入与浙江省填海规模的关联度（0.49）。

（4）衡量地价水平的综合地价增长率与浙江省填海规模的关联度为0.72，在8个指标中排名第1，说明地价水平是浙江省填海活动的主导因素。

据表8.2做出的与围填海驱动因素灰色关联度分析相对应的散点图，如图8.1所示。

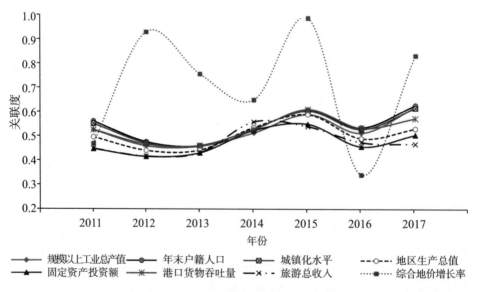

图8.1　浙江省围填海驱动因素的关联度

由图8.1可以看出，在样本期间，衡量地价水平的综合地价增长率与浙江省填海规模的关联系数在0.35—1.00之间变动，波动幅度较大。因此，综合地价增长率与浙江省填海规模的关联度变化幅度较大和浙江省2011—2017年综合地价增长率的变化幅度大直接相关，说明地价的增长仅在一定程度上刺激了填海活动，并非围填海活动最主要的驱动因素。另外，2011—2017年，衡量浙江省人口水平、经济发展水平和海洋经济发展水平的7个指标的变化幅度较小，虽然这7个指标与浙江省填海规模的关联度低于综合地价增长率与浙江省填海规模的关联度，但并不能说明这7个驱动因素对围填海的驱动作用低于综合地价增长率。

## 四、小结与建议

在上述分析的基础上，能够定量地研究各社会经济因素对围填海产生的影响。为了严格控制区域用海的总量指标，本节通过灰色关联分析法辨别了围填海的主导作用因素，包括经济发展水平、人口水平、地价水平和海洋经济发展水平等，并分析这些因素以何种方式和程度来影响围填海规模的扩张。这无疑有助于从经济发展、海洋旅游开发和地价管理等方面提出合理管控围填用海规模的政策建议。

（1）2011—2017年，浙江省填海规模不断扩大，累计完成围填海面积达33604公顷。经济发展过程中产生了大量的填海行为，主要基于2点：一是我国实行严格的土地管理制度，新增建设用地年度计划管理从总量上控制了建设用地的供应量，填海造地成为解决建设用地缺口的必然途径；二是某些临港工业（如装备制造业、船舶修造业等）本身有一定的填海需求。围填海计划管理办法出台后，浙江省应按照节约集约用海的要求，合理安排每年有限的围填海计划指标，优先保障国家重点基础设施、产业政策鼓励发展项目和民生领域项目的围填海活动，同时规范及严格执行海域使用论证制度，以减少围填海活动造成的生态破坏。

（2）海洋经济是浙江省发展的最大优势、最大潜力和最大空间所在。浙江省海洋资源丰富，潮汐能、潮流能、波浪能源蕴藏量，海上风电容量，大陆架石油和天然气资源探明油储量位居全国前列。但海洋产业不能盲目扩张，必须根据产业规划及海洋资源条件合理布局，以减少不同产业间的用海矛盾。目前，浙江省海洋生态已呈透支状态，环境承载力下降，而推进海洋生态环境治理仍然面临管理体制、经济结构、社会格局、思想观念和行为方

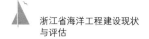

式等多重制约。因此，浙江省需要坚持绿色理念，强化对生态环境的保护和修复。坚守海洋生态红线，贯彻低碳发展、循环发展、高效发展理念，严控开发强度，创新集约模式，强化重点海湾、重要海岛、海岸带保护，加大湾区污染整治和岸线、海岛生态修复力度，提高绿色发展水平。

（3）浙江省是一个人口低增长的省份，2011—2017年平均人口自然增长率仅为0.62‰。然而，人口和生产要素具有趋向沿海地市移动的特征。2010年浙江省第6次人口普查结果显示，常住人口为5442.69万人，相比于2000年第5次人口普查结果而言，年均增长率为1.53％。在人口向海岸带地区集中的形势下，浙江省应该按照政府引导与市场调控相结合的原则控制填海进度，强化海洋生态环境保护，推动海岸带资源的可持续利用。

（4）在市场经济条件下，地价和填海成本间的价差会促使人们产生填海造地的逐利心理。在现有制度下，经济主体选择填海造地更多是因为填海造地不涉及耕地保护问题，每年转化为建设用地的指标比较宽松，从而大大降低了土地使用成本。因此，对于具有公共产品性质的海域而言，政府应严格执行围填海指标计划，同时要考虑填海造地的生态补偿，调整填海造地的收益分配关系，降低填海行为主体比较收益的预期，抑制为获取建设用地而产生的填海造地需求。

## 第二节｜浙江省围填海需求规模预测

本节以《中国海洋年鉴》《国家海洋局公报》《浙江自然资源与环境统计年鉴》《浙江海洋经济发展重大建设项目实施计划》《浙江省海洋经济发展报告》等资料为基础，结合浙江省各项社会经济动态指标和历年围填海规模的统计数据，运用主成分分析来揭示影响围填海规模的主要因素。在此基础上，通过构建基于主成分的回归模型，预测浙江省各沿海地市2018—2022年围填海需求规模[①]。

---

① 目前各指标仅有2017年及以前数据，所以预测以2017年为基准。

## 一、统计模型与方法

对于围填海需求规模的预测，通常可运用时间序列模型ARMA$(m,n)$、灰色关联预测模型GM$(1,1)$，或者通过建立一般的多元线性回归模型来加以实现。（张赫，2014）这些方法要么只依赖围填海规模这一变量本身，但容易受到异常值情况的影响；要么缺乏对解释变量的选择，所挑选的解释变量与被解释变量（围填海规模）的关系并不紧密，从而导致模型的解释力不足。

基于这些考虑，本节在以上模型的基础上，通过相关分析法首先确定各沿海地市围填海规模的主要影响因素，然后基于这些对围填海规模具有较大影响的因素进行主成分分析，从而通过主成分分析构建基于主成分的回归模型，故而由各个因素汇总而成的主成分对围填海规模变动更有解释力。

为实现以上过程，本节结合《浙江自然资源与环境统计年鉴》《中国海洋统计年鉴》《浙江省海洋资源环境发展报告》及各地统计年鉴数据等，汇总围填海面积、固定资产投资额、大陆海岸线长度、海洋经济产值、城镇化水平、沿海人口密度、新增建设用地面积、地区生产总值等多项指标的数据。具体来源信息，如表8.3所示。

表8.3　围填海规模影响因素汇总表

| 序　号 | 指标名称 | 数据来源 |
|---|---|---|
| 1 | 围填海面积 | 《浙江省海洋资源环境发展报告》《浙江省海域使用管理公报》等资料 |
| 2 | 固定资产投资额 | 统计年鉴 |
| 3 | 城镇化水平 | 由统计年鉴汇总得到 |
| 4 | 沿海人口密度 | 统计年鉴 |
| 5 | 海洋经济产值 | 《浙江省海洋经济发展报告——经济地理学视角》等资料 |
| 6 | 大陆海岸线长度 | 《浙江省大陆海岸线时空变化特征》 |
| 7 | 新增建设用地面积 | 土地利用规划 |
| 8 | 地区生产总值 | 统计年鉴 |

基于表8.3，运用相关分析方法，计算各个变量的线性相关系数。其计算公式如下：

$$r = \frac{s_{xy}^2}{s_x s_y} = \frac{\sum (x - \bar{x})\ (y - \bar{y})}{\sqrt{\sum (x - \bar{x})^2}\ \sqrt{\sum (y - \bar{y})^2}} \qquad (8\text{-}8)$$

据此挑选出与围填海规模关系最为紧密的几个指标，然后采用主成分综合评价的方法对这些指标进一步降维，生成少数代表性较好的综合指标。这几个指标既相互独立，又能够含有原来指标的绝大多数信息，再对其进行回归分析。

假设有 $n$ 个参与分析的单位，评价指标体系共有 $p$ 项指标，记为 $y_1$，…，$y_p$，$y_{ij}$ 为第 $i$ 个单位 $j$ 指标的实际观察值。具体分析步骤如下：（薛薇，2017）

第一步，对原始数据 $\boldsymbol{Y}$ 进行标准化处理，得到标准化数据矩阵 $\boldsymbol{X}$。

$$\boldsymbol{Y} = \begin{pmatrix} y_{11} & \cdots & y_{1p} \\ \vdots & \ddots & \vdots \\ y_{n1} & \cdots & y_{np} \end{pmatrix} \qquad (8\text{-}9)$$

$$\boldsymbol{X} = \begin{pmatrix} x_{11} & \cdots & x_{1p} \\ \vdots & \ddots & \vdots \\ x_{n1} & \cdots & x_{np} \end{pmatrix} \qquad (8\text{-}10)$$

其中，$x_{ij} = \dfrac{y_{ij} - \bar{y}_j}{s_j}$，$\bar{y}_j = \dfrac{1}{n}\sum\limits_{i=1}^{n} y_{ij}$，$s_j = \sqrt{\dfrac{1}{n-1}\sum\limits_{i=1}^{n}(y_{ij} - \bar{y}_j)}$ $(j=1,\ 2,\ \cdots,\ p)$。

第二步，根据标准化数据矩阵计算相关系数矩阵 $\boldsymbol{R}$。

$$\boldsymbol{R} = \begin{pmatrix} r_{11} & \cdots & r_{1p} \\ \vdots & \ddots & \vdots \\ r_{n1} & \cdots & r_{np} \end{pmatrix} = \frac{1}{n-1} \boldsymbol{X}^{\mathrm{T}} \boldsymbol{X} \qquad (8\text{-}11)$$

第三步，计算相关系数矩阵 $\boldsymbol{R}$ 的特征根，即求解以下方程：

$$|\lambda \boldsymbol{I} - \boldsymbol{R}| = 0 \qquad (8\text{-}12)$$

记各特征根依次为 $\lambda_1 \geqslant \lambda_2 \geqslant \cdots \geqslant \lambda_p$。同时，计算方差贡献率和累计方差贡献率。其中，方差贡献率为 $\lambda_i \Big/ \sum\limits_{j=1}^{p} \lambda_j = \lambda_i / p$，累计方差贡献率为 $\sum\limits_{i=1}^{m} \lambda_i \Big/ \sum\limits_{j=1}^{p} \lambda_j = \sum\limits_{i=1}^{m} \lambda_i / p$。

第四步，计算特征向量，即求解以下特征方程：

$$(\lambda I_i - \boldsymbol{R})\begin{pmatrix} l_{i1} \\ l_{i2} \\ l_{ip} \end{pmatrix} = \begin{pmatrix} \lambda_i - 1 & -\lambda_{12} & \cdots & -\lambda_{1p} \\ -\lambda_{21} & \lambda_i - 1 & \cdots & -\lambda_{2p} \\ -\lambda_{p1} & -\lambda_{p2} & \cdots & \lambda_i - 1 \end{pmatrix}\begin{pmatrix} l_{i1} \\ l_{i2} \\ l_{ip} \end{pmatrix} = \begin{pmatrix} 0 \\ 0 \\ 0 \end{pmatrix} \qquad (8\text{-}13)$$

其中，$(l_{i1} \ l_{i2} \ \cdots \ l_{ip})^{\mathrm{T}}$ 为第 $i$ 个特征根所对应的特征向量。依次计算出每个特征根所对应的特征方程，且各分量满足 $l_{i1}^2 + l_{i2}^2 + \cdots + l_{ip}^2 = 1$。第 $i$ 个主成分可写成：

$$f_i = l_{i1}x_1 + l_{i2}x_2 + \cdots + l_{ip}x_p \ (i=1, 2, \cdots, p) \qquad (8\text{-}14)$$

第五步，以主成分的累计方差贡献率大于85%为准则，来确定选取的主成分个数；然后基于主成分构建回归模型，从而得到影响围填海规模因素的表达式；最后根据主要影响因素的预期大小来预测围填海规模的变动。

## 二、影响因素分析

在上述方法的指导下，运用SPSS中的相关分析功能测算表8.3中指标的相关系数，计算得到各指标之间的相关系数矩阵（见表8.4）。通过相关分析，可以看出，围填海面积与固定资产投资额、大陆海岸线长度、海洋经济产值、新增建设用地面积、地区生产总值5个因素具有相关性，而城镇化水平和沿海人口密度2个因素与围填海面积没有明显的相关性。

表8.4　围填海规模影响因素相关系数矩阵

| 指　标 | 围填海面积 | 固定资产投资额 | 海洋经济产值 | 新增建设用地面积 | 大陆海岸线长度 | 地区生产总值 |
|---|---|---|---|---|---|---|
| 围填海面积 | 1 | 0.917** | 0.894** | 0.473** | 0.919** | 0.915** |
| 固定资产投资额 | — | 1 | 0.981** | 0.674** | 0.881** | 0.999** |
| 海洋经济产值 | — | — | 1 | 0.602** | 0.919** | 0.976** |
| 新增建设用地面积 | — | — | — | 1 | 0.427** | 0.696* |
| 大陆海岸线长度 | — | — | — | — | 1 | 0.870** |
| 地区生产总值 | — | — | — | — | — | 1 |

注：**、*表示在1%和5%的水平下显著相关。

由表8.4可知，6个指标均与围填海规模有较高的相关性，是影响围填海

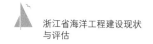
规模的主导因素。围填海面积与地区生产总值、固定资产投资额及大陆海岸线长度密切相关，相关系数分别为0.915、0.917和0.919，接着是海洋经济产值，相关系数为0.894；与新增建设用地面积关系最弱，相关系数为0.473。

### 三、实证分析与预测

接下来，对影响围填海需求的主导因素固定资产投资额、大陆海岸线长度、海洋经济产值、新增建设用地面积、地区生产总值进行主成分分析。通过表8.5可以看出，大于1的2个特征根分别为3.305和1.329，它们的累计贡献率分别达66.099%和92.681%。这说明第一个主成分包含了原始数据66.099%的信息，第一个主成分和第二个主成分合计包含了原始数据92.681%的信息，因此选取第一主成分和第二主成分做进一步的计算。

表8.5  主成分分析特征根及其贡献率

| 主成分 | 特征根 | 特征根贡献率(%) | 累计贡献率(%) |
|---|---|---|---|
| 1 | 3.305 | 66.099 | 66.099 |
| 2 | 1.329 | 26.582 | 92.681 |
| 3 | 0.274 | 5.483 | 98.164 |
| 4 | 0.075 | 1.497 | 99.661 |
| 5 | 0.017 | 0.339 | 100.000 |

计算主导因素在每个主成分上的载荷（见表8.6），可以看出第一主成分代表了地区生产总值（0.965）、固定资产投资额（0.966）和新增建设用地面积（0.966），第二主成分代表了海洋经济产值（0.959）和大陆海岸线长度（0.574）。

表8.6  主成分分析载荷

| 主导因素 | 第一主成分 | 第二主成分 |
|---|---|---|
| 地区生产总值(亿元) | 0.965 | 0.177 |
| 固定资产投资额(亿元) | 0.966 | 0.216 |
| 海洋经济产值(亿元) | 0.001 | 0.959 |
| 新增建设用地面积(公顷) | 0.966 | 0.030 |
| 大陆海岸线长度(千米) | −0.712 | 0.574 |

由于第一主成分主要代表了资源承载力和投资对围填海规模需求的影响因素，第二主成分代表了海洋经济产值和围填海发展趋势对围填海规模需求的影响因素。利用不同主成分的主导因素载荷分别构建围填海需求预测模型如下：

$$F_1 = 0.531ZX_1 + 0.531ZX_2 + 0.000ZX_3 + 0.532ZX_4 - 0.712ZX_5 \quad (8-15)$$

$$F_2 = 0.154ZX_1 + 0.187ZX_2 + 0.832ZX_3 + 0.026ZX_4 + 0.498ZX_5 \quad (8-16)$$

式（8-15）与式（8-16）中的变量 $ZX_i$（$i=1, 2, \cdots, 5$）为标准化后的各主导因素变量，各变量前的系数为表8.6中的主成分载荷数据除以主成分相对应的特征值的平方根。

以每个主成分所对应的特征值占所提取主成分总的特征值之和的比例作为权重计算主成分综合模型，为：

$$F = 0.713F_1 + 0.287F_2 \quad (8-17)$$

进一步地，在式（8-17）的基础上，对各个主要影响变量的变动值进行预测或者获取各主要影响变量的未来规划值。

根据沿海各市当前资源现状和社会经济发展趋势及社会经济发展规划，建立未来5年我国沿海各省市影响围填海需求的5个主导因素的发展序列。其中，海岸线长度保持不变；海洋经济产值以2015年每个地区的海洋经济产值为基准，并按照2015年海洋经济产值增速进行年度累积增加；地区生产总值和固定资产投资额分别以2015年地区生产总值和2015年固定资产投资额为基数，按照每个地区经济增长速度同步增长值；根据国土资源部土地利用规划中每个市2006—2020年新增建设用地规模，估算出每年平均新增建设用地。

按照以上方法，确定2018—2022年浙江省主要沿海地市围填海需求主导因素序列。以此数据为输入，进行主成分模型预测，预测的各沿海地市的围填海需求规模如表8.7所示。

表8.7 浙江省主要沿海城市的围填海需求规模预测结果

单位：公顷

| 地 区 | 年 份 | | | | |
|---|---|---|---|---|---|
| | 2018 | 2019 | 2020 | 2021 | 2022 |
| 杭州 | 9726.30 | 10528.48 | 11404.15 | 12087.22 | 12815.06 |

| 地 区 | 年 份 | | | | |
|---|---|---|---|---|---|
| | 2018 | 2019 | 2020 | 2021 | 2022 |
| 宁波 | 7070.00 | 7404.82 | 7756.84 | 8401.35 | 9104.24 |
| 嘉兴 | 3510.52 | 3672.25 | 3843.10 | 4031.54 | 4231.12 |
| 绍兴 | 3912.34 | 4077.97 | 4251.42 | 4442.02 | 4642.07 |
| 舟山 | 1192.28 | 1298.81 | 1413.53 | 1496.43 | 1583.82 |
| 温州 | 5018.16 | 5348.28 | 5702.84 | 6099.42 | 6526.57 |
| 台州 | 3305.95 | 3450.77 | 3603.07 | 3835.63 | 4085.36 |
| 合计 | 33735.55 | 35781.37 | 37974.95 | 40393.63 | 42988.24 |

## 四、小结与建议

相关分析认为，影响围填海需求发展的主要因素，包括固定资产投资额、大陆海岸线长度、海洋经济产值、新增建设用地面积和地区生产总值等5个因素。进而，基于主成分分析法，提取出2个主成分，其中第一主成分代表资源承载力和投资对围填海规模需求的影响因素，第二主成分代表海洋经济产值和围填海发展趋势对围填海规模需求的影响因素。借上述主成分分析结果对各沿海地区2018—2022年的围填海需求进行预测，结果发现：2022年浙江省围填海需求总量达到42988.24公顷，其中：杭州在2018—2022年内围填海需求一直处于领先位置；其次是宁波；围填海需求最低的是舟山，与需求最高的杭州差距较大，仅为杭州的1/8。

通过对沿海地区围填用海需求进行预测，无疑对于未来围填海项目的规划和规模审批具有一定的指导作用，对向大海要土地的政府而言，也提醒其在扩张围填海规模的同时，应做好相应的人才、技术、装备等方面的准备。

时任国家海洋局局长刘赐贵在2011年12月召开的全国海洋工作会议上提出了"五个用海"的重要方针：坚持"规划用海"，统筹协调海洋空间开发格局；坚持"集约用海"，实现海域资源的合理配置；坚持"生态用海"，维护海洋生态平衡和海域可持续利用；坚持"科技用海"，促进海洋经济发展方式的转变；坚持"依法用海"，严格执行用海审批程序。"五个用海"重要方针的贯彻执行，有利于推动海洋经济又好又快发展，实现合理开发利用海洋资源，同时有效保护海洋生态环境；对开展区域建设用海规划工作，引导区域建设用海合理规划，促进科学、有序使用海域及实现海域资源的可持续发展具有重要意义。

区域建设用海，作为大规模、集中连片式的开发海洋资源的一种方式，更应切实贯彻落实"五个用海"重要方针。合理开发利用海洋资源，就要在区域建设用海规划的全过程中，始终坚持"五个用海"重要方针，以有效保护海洋生态环境、实现海域资源的合理配置、提高海域资源利用效率、统筹协调行业用海、优化海洋开发空间布局，促进沿海地区经济平稳较快发展和社会和谐稳定。尤其在当前严格控制围填用海规模的背景下，如何更加合理地安排和控制当地政府的用海需求，对于审批部门而言无疑是当务之急。

第九章

# 研究总结与对策建议

# 第一节│研究总结

结合前述对浙江省海洋工程项目基本情况、相关指标的测度、评估及产业经济分析的主要结论，归纳浙江省海洋工程项目分布的特点、发展趋势和存在的问题等，得到如下结论：

（1）浙江省海洋工程数量多、分布广、用海面积大、区域差异悬殊。各沿海地市海洋工程项目以海港工程和围填海工程为主，主要涉及港口码头建设、船舶工业用海建设、沿海地区工业园区建设和城镇基础设施建设等。海洋工程项目，尤其是以海港和码头工程建设为主的工程项目主要分布在舟山、台州和宁波。这些海洋工程项目的空间分布，显然与区域的优良水域条件、绵长海岸线情况和广阔滩涂资源的分布呈现出一致性的特点。

（2）浙江省海洋工程项目经济指标在各沿海地市差异较大，其空间分布极不均衡。尤其是各沿海地市拟建项目计划投资金额的基尼系数偏大，说明各地对海洋工程项目的远期投资不均。这一方面与当地沿海地理位置条件有关，另一方面从侧面反映出各沿海地市对海洋经济发展的重视程度不一。

（3）在建海洋工程项目情况与浙江省生产总值的关联程度整体较高，但从时间趋势来看，关联程度并不稳定。2013—2017 年，浙江省海洋工程相关产业对浙江省经济生产总值的直接贡献率约为 1.8%，海洋工程相关产业对舟山经济发展的支撑作用较强，同时其经济发展对海洋工程相关产业的依赖性也远高于其他地市。此外，沿海地市海洋工程相关产业对海洋经济的直接贡献率存在显著空间差异，绍兴和台州最高，其次为温州、舟山和宁波，杭州和嘉兴最低；各沿海地市海洋工程建筑业生产总值与区域海洋经济增加值存在较强的关联性，且表征各沿海地市两指标关联性强弱的灰色关联度均呈现逐年下降趋势。

（4）浙江省沿海地市海洋工程建设承载力明显高于非沿海地市。总体而言，宁波和杭州的海洋工程建设承载力显著，排名居前列，且各地市海洋工程建设承载力在空间上呈现出负的空间相关性。高值区域的地市很少存在空间集聚效应，温州、杭州、宁波3个地市的海洋工程建设承载力明显高于其邻近地市的平均水平；绍兴、嘉兴、湖州、舟山等4个地市的海洋工程建设承载力远低于其邻近地市的平均水平，而衢州、丽水、金华3个地市的海洋工程建设承载力则较弱。此外，浙江省各地市海洋工程项目数也呈现出微弱的负空间相关。

（5）浙江省各沿海地市承接海洋工程项目的空间布局不甚合理，多数地市海洋工程建设承载力和实际承接海洋工程项目数量的耦合程度不高，海洋工程建设承载力和实际承接海洋工程项目数量的协调性也整体偏低且地区差异较大，仅杭州和衢州为中度耦合协调型，其余地市均为低度耦合协调型。

（6）浙江省沿海地市海洋工程咨询服务与海洋工程项目分布耦合度整体较高，但是海洋工程咨询服务与海洋工程项目分布协调性区域差异较大。宁波为高度耦合协调型，温州和舟山为中度耦合协调型，而嘉兴和台州为低度耦合协调型。就各项海洋工程咨询服务与海洋工程项目分布的耦合细节而言，多地海洋工程咨询服务水平与其目前海洋工程项目难以匹配，对海洋工程相关产业发展十分不利。

（7）就围填海项目成本而言，浙江省现有围填海工程单位面积成本介于168.98万元/公顷—1329.63万元/公顷之间，其中大部分沿海地市的工程成本占总成本50%以上；就围填海项目的单位面积收益而言，温州的单位收益最高，宁波次之，台州最低；从考虑围填海项目收益与成本的综合效益来看，宁波的综合效益最高，温州次之，而嘉兴和舟山的综合效益为负值。

（8）人口水平和地价水平是影响浙江省围填海建设的主要动因——人口膨胀带来经济生产空间减少和人类生存空间拥挤效应，导致人们转向海洋寻求空间和资源，而填海造陆成本及地价水平的高低，制约着人们的围填海需求。同时，进一步预测未来浙江省围填海需求规模在2022年达到42988.24公顷，其中杭州在2018—2022年内将一直处于领先位置，宁波次之，围填海需求最低的是舟山，与需求最高的杭州差距巨大。

# 第二节｜对策建议

海洋工程是海洋开发利用的物质和技术基础，在海洋经济中发挥着重要的支撑作用，是沿海区域海洋经济发展的重要引擎。海洋工程项目经济和相关产业的发展受制于多种因素，包括海洋资源开发潜力、海洋科技创新应用发展潜力、海洋开发与海洋经济发展的政策扶持力度及配套海洋工程咨询服务能力等。毫无疑问，海洋经济发展正进入结构调整、发展方式转变的关键时期，随着海洋开发和海洋经济发展大势，未来海洋经济将更加依赖于海洋科学技术的加快创新和产业化应用，成为更加重要的且潜力巨大的经济领域。同时，我们也应该看到，在海洋工程建设过程中，尤其是在开发近海资源和海岸带资源时，无序的围海养殖和填海造陆仍时有发生，海洋污染事件也偶见报端，这提醒我们在进行海洋开发时也应注意海洋生态环境保护。因此，立足于当前浙江省海洋经济发展需求和海洋工程项目建设及海洋工程相关产业发展现状，为改善各地区海洋工程发展状况和提升其对经济发展的贡献及推动作用，特提出如下对策建议。

（1）加强顶层设计，强化宏观海洋经济战略和海洋工程项目规划对接。落实国家创新驱动发展战略，以供给侧结构性改革为核心，扩大开放，倒逼深层次改革，强化涉海工程建设远期规划和综合管理，创新开放型海洋经济体制机制，完善海洋法律法规体系；综合考虑环境和资源的可行性，合理利用天然海岸线资源，通过政策、科技、投融资方面的引导，制定沿海地区海洋经济发展规划和海洋工程项目规划，兼顾深海、远洋和极地海洋工程建设，注重海洋资源开发、海洋空间利用与海岸防护和污染防治工程相结合；注重海洋开发和经济、科技、环境资源系统的平衡，注重战略导向和保护调控，实现海洋工程建设承载力的有效利用和有序提高。

（2）科学编制围填海规划，严格实施海域空间用途管制。按照积极保护、科学利用、可持续发展的原则，结合当地社会发展、海洋功能区划和近岸海域环境区划，明确近期和远期开发功能和目标，科学合理地制定围填海造地规划。实施围填海工程年度总量控制和分类管理制度，发挥规划的引导和约束作用，响应国家产业转型升级政策，推进海洋产业发展，优先保证国家能源、交通和新型海洋产业等重大建设项目的用海需求，防止海域资源的粗放利用和浪费。

同时，也要严格遵守海洋功能区划，维护海域空间开发利用秩序。在海洋功能区划的一级海洋功能区中，工业与城镇建设功能区是专门为工业和城镇建设用海选划的海洋功能区，也是可以开展大规模工业和城镇建设用围填海的海域，所有的工业和城镇建设围填海项目要被严格限制于工业与城镇建设功能区，并实行围填海总量控制制度。浙江省本级及各沿海市、县海洋行政主管部门应严格按照海域空间用途管制制度，依职权查处相关违法违规现象，强化海域使用权限监管，提高海域空间开发利用精细化管理水平。

（3）加快推进海洋经济一体化建设，引导海洋工程产业集聚发展。杭州、宁波、舟山、台州、温州等沿海地市具备良好的海洋工程建设承载力基本要素，结合各地市优越的地理、环境和经济实力优势，通过管理体制、运营模式和投融资等方面的大力合作和创新，切实提高浙江省海洋工程建设承载力。推进海洋工程产业发展需要各地区港口关系的优化处理，实现功能互补、全局平衡，突破地区行政区划壁垒，积极实施投资主体多元化和建设经营市场化，以实现资源高效利用和最优配置。

在推动海洋经济发展一体化过程中，宜坚持"陆海统筹、全局兼顾、突出重点、集聚发展"的原则，以浙江省各级各类涉海特色产业园区合理规划和建设为切入点，推进海洋工程建设示范区；以理念革新、科学管理和科技创新促进海洋工程建设相关产业绿色发展，创新融投资机制，建立创新创业服务体系，提升服务能力。依托产业园区，加强吸引和引导现代海洋装备制造业、海洋新能源等现代高端海洋工程产业；加快培育产业集群中关联度高、主业突出、创新能力强、带动性强的涉海龙头企业，鼓励龙头企业"走出去"，积极参与国际竞争，成为具有在全球配置资源要素、布局市场网络的骨干性企业。

（4）优化调整海洋产业结构，理顺海洋工程相关产业发展机制。以宏观调控与市场导向相结合的引导机制，通过政策、规划和科技等方面的引导，从生产力布局、产品结构、环境承载力和岸线资源分布等方面考虑，加快海洋产业结构调整，提高产业间协调程度；充分发挥新型海洋工程建筑业的带动作用，使海洋工程建筑业逐渐由规模扩张向增强产业间关联度转变，从分散自发型向产业间统筹规划型转变。通过产业间关联机制充分理顺海洋工程相关产业发展机制，引导海洋工程与其他产业充分联动发展，实现链式增长。

（5）聚焦海洋工程科技创新和科技转化，培育海洋经济增长新动力。聚焦海洋工程项目重点领域和关键环节，引导海洋工程新技术转化应用，通过"智慧海洋"工程全面提升海洋工程相关产业在研发、生产、管理和服务方面的信息化和智能化水平，培育海洋经济增长新动力，使海洋工程逐渐由资源依赖型向技术带动型转变，进而有效推动海洋经济体制创新，提升海洋经济发展的质量和效益。

重点对海洋工程建设承载力较强的地区加大科研投入，鼓励涉海企业根据自身优势与国内外相关科教机构和企业展开多种形式的产学研合作，支持有经济实力和技术实力的涉海企业以多种方式引进先进技术，促进消化吸收再创新；营造良好的科研环境，支持合作建设海外科技园、企业孵化器等科技转化成果载体，积极吸收引进国外涉海科教机构和企业在中国开设海洋高新技术研发机构、科技中介机构；加强海洋工程建筑业等涉海专业的建设，加快引进高新技术和高端人才，紧跟海洋科技发展前沿，提高相关行业和企业国际竞争与合作能力。

（6）提高配套海洋工程管理和服务水平。建立海洋工程建设承载力子系统耦合决策支持系统，通过多情景模拟，实现海洋工程建设由不协调型向资源最优配置型转化；提高海洋工程标准化建设咨询服务水平，从国内外海洋工程标准摸底调查、海洋工程标准体系研究、团体标准管理制度建立等方面入手，加强海域海岛评估、海洋工程装备团体标准等行业标准的编制和制定及质量监管等方面的工作；加强沿海大型工程海洋灾害风险排查工作，制定海洋灾害风险名录，编制技术规程，试点排查，构建信息平台框架等，梳理形成可复制、易推广的风险排查技术产品目录，进一步提升海洋防灾减灾工作能力；加强海洋工程科学技术推广和生态文明建设交流等工作，促进在海洋工程领域搭建公平、客观的有利于科技创新的服务平台；强化海洋科技创新奖励和激励机制，不断提高创新主体的积极性，遴选、推荐高质量海洋工程项目，充分发挥海洋工程咨询服务在海洋开发和海洋治理方面的作用。

（7）健全海域资源有偿使用制度和生态补偿制度。面对日益严峻的海洋生态环境形势，需认真贯彻落实党的十八届三中全会提出的"实行资源有偿使用制度和生态补偿制度"的决定，进一步完善围填海占用海域空间资源的有偿使用制度及生态补偿制度。根据围填海海域使用权价值、围填海造陆的市场需求、社会经济发展状况和区域产业承载力情况等，以新增建设用地土地出让金动态变化为导向，适时调整围填海海域使用金征收标准，以补足海域使用金与土地出让金之间差额，提高围填海占用国有海域空间资源的成本，降低经济利益引致的围填海需求。

同时，应从省级层面充分考虑围填海对海洋渔业资源、海洋自然景观、海洋生态系统服务功能等海洋资源环境造成的损害，创新各类海洋环境污损监测评估体系，探索围填海活动的生态损失与补偿评估方法，科学评估围填海对海洋资源环境的占用和损害程度，研究制定围填海生态补偿方式和标准。对于因围填海项目导致海洋生态环境受损的，加倍收取生态补偿金，增加围填海污损海洋生态环境的成本。

# 参考文献

［1］许学强，周一星，宁越敏.城市地理学[M].2版.北京：高等教育出版社，2009.

［2］高鸿业.西方经济学：微观部分[M].7版.北京：中国人民大学出版社，2018.

［3］李永霞，陈修颖.国内外区位选择理论研究进展[J].农村经济与科技，2009，20(2)：68-69.

［4］田凤岐.区位选择理论综述[J].辽宁行政学院学报，2006，8（12）：57，59.

［5］狄乾斌.海洋经济可持续发展的理论、方法与实证研究——以辽宁省为例[D].大连：辽宁师范大学，2007.

［6］ISARD W. Methods of regional analysis[M]. Cambridge Massachusetts：The MIT Press，1960.

［7］付晓东.中国区域经济理论研究的回顾与展望[J].区域经济评论，2013（2）：141-153.

［8］邓延平.区位理论发展、评述及其应用[J].商，2015(29)：295.

［9］李彬.资源与环境视角下的我国区域海洋经济发展比较研究[D].青岛：中国海洋大学，2011.

［10］廖民生.海洋经济学读本[M].青岛：中国海洋大学出版社，2019.

［11］吴雨霏.基于关联机制的海陆资源与产业一体化发展战略研究[D].武汉：中国地质大学，2012.

［12］陆大道.论区域的最佳结构与最佳发展——提出“点—轴系统”和

"T"型结构以来的回顾与再分析[J].地理学报，2001（2）：127-135.

[13] 陆大道.关于"点-轴"空间结构系统的形成机理分析[J].地理科学，2002，22（1）：1-6.

[14] 侍茂崇.海洋工程产业发展现状与前景研究[M].广州：广东经济出版社，2018.

[15] 梁其荀.海洋工程及其发展前景探讨[J].海洋开发，1986（1）：4-7.

[16] FUJITA M, KRUGMAN P, VENABLES A J. The spatial economy: cities, regions, and international trade [M]. Cambridge Massachusetts：The MIT Press, 2001.

[17] 黄英明.基于海陆经济一体化视角的海洋产业布局研究——以华南沿海地区为例[D].长春：东北师范大学，2019.

[18] 王明舜.中国海岛经济发展模式及其实现途径研究[D].青岛：中国海洋大学，2009.

[19] 狄乾斌，周慧.中国沿海地区人口发展与海洋经济互动关系研究[J].海洋通报，2019，38(5)：499-507.

[20] 刘明.海洋科技创新——海洋经济转型升级核心动力[N].中国海洋报，2015-06-30(A3).

[21] 胡麦秀.上海海洋经济发展现状及其可持续发展的影响因素分析[J].海洋经济，2012，2(4)：55-61.

[22] 李双建，徐丛春.加快海洋经济发展方式转变[J].宏观经济管理，2014(12)：34-36.

[23] 狄乾斌，韩增林，孙才志.海域承载力理论与海洋可持续发展研究[J].海洋开发与管理，2008，25(1)：52-55.

[24] 范柏乃，马庆国.国际可持续发展理论综述[J].经济学动态，1998(8)：65-69.

[25] REDCLIFT M. The multiple dimensions of sustainable development [J]. Geography, 1991：36-42.

[26] 薛薇.统计分析与SPSS的应用[M].5版.北京：中国人民大学出版社，2017.

［27］沈体雁，冯等田，孙铁山.空间计量经济学［M］.北京：北京大学出版社，2010.

［28］周世锋，秦诗立.海洋开发战略研究［M］.杭州：浙江大学出版社，2009.

［29］中国科学院学部.我国围填海工程中的若干科学问题及对策建议［J］.中国科学院院刊，2011，26（2）：171-173.

［30］陈增奇，陈飞星，李占玲，等.滨海湿地生态经济的综合评价模型［J］.海洋学研究，2005，23（3）：47-55.

［31］于永海.基于规模控制的围填海管理方法研究［D］.大连：大连理工大学，2011.

［32］王启尧.海域承载力评价与经济临海布局优化理论与实证研究［D］.青岛：中国海洋大学，2011.

［33］王曙光.海洋开发战略研究［M］.北京：海洋出版社，2004.

［34］张连波，刘锡财，等.经济发展战略研究［M］.北京：中国言实出版社，2013.

［35］陈可文.中国海洋经济学［M］.北京：海洋出版社，2003.

［36］张耀光，崔立军.辽宁区域海洋经济布局机理与可持续发展研究［J］.地理研究，2001，20（3）：338-346.

［37］张耀光，魏东岚，王国力，等.中国海洋经济省际空间差异与海洋经济强省建设［J］.地理研究，2005，24（1）：46-56.

［38］向云波，彭秀芬，徐长乐.长江三角洲海洋经济空间发展格局及其一体化发展策略［J］.长江流域资源与环境，2010，19（12）：1363-1367.

［39］伍业锋.海洋经济：概念、特征及发展路径［J］.产经评论，2010（3）：125-131.

［40］徐胜，董伟，郭越，等.我国海洋经济可持续发展评价指标体系构建［J］.海洋开发与管理，2011，28（3）：65-70.

［41］盖美，刘丹丹，曲本亮.中国沿海地区绿色海洋经济效率时空差异及影响因素分析［J］.生态经济，2016，32（12）：97-103.

［42］刘海楠，李靖宇.环渤海地区海洋经济发展及地域空间差异分析［J］.资

源开发与市场，2011，27（2）：118-121.

[43] 罗党，刘思峰.灰色关联决策方法研究[J].中国管理科学，2005（1）：102-107.

[44] 刘思峰，蔡华，杨英杰，等.灰色关联分析模型研究进展[J].系统工程理论与实践，2013，33（8）：2041-2046.

[45] 袁剑，曾现来，陈明.基于灰色系统理论的济南市建筑废物产量预测[J].中国环境科学，2020，40（9）：3894-3902.

[46] 程启月.评测指标权重确定的结构熵权法[J].系统工程理论与实践，2010，30（7）：1225-1228.

[47] 王少剑，方创琳，王洋.京津冀地区城市化与生态环境交互耦合关系定量测度[J].生态学报，2015，35（7）：2244-2254.

[48] 王永明，马耀峰.城市旅游经济与交通发展耦合协调度分析——以西安市为例[J].陕西师范大学学报（自然科学版），2011，39（1）：86-90.

[49] 刘晴，徐敏.江苏省围填海综合效益评估[J].南京师大学报（自然科学版），2013（3）：125-130.

[50] 熊鹏，陈伟琪，王萱，等.福清湾围填海规划方案的费用效益分析[J].厦门大学学报（自然科学版），2007（A1）：214-217.

[51] 张赫.多模型建构引导下的填海造地规模管控研究[D].天津：天津大学，2014.

# 后 记

海洋资源的开发与利用需要以海洋工程为依托。在海洋开发迅猛发展的背景下,海洋工程正成为全球科学研究与生产开发的热点。浙江省作为海洋大省,海洋工程建设开展得亦如火如荼,但发展过程中仍存在诸如局部失衡、产业错配、环境污染等问题,故而开展浙江省海洋工程建设现状与评估极具现实意义。

基于上述背景,本研究在有关海洋经济、海洋工程等资料和相关年份浙江省各级地方政府的社会经济动态数据的基础上,结合浙江省海洋工程建设实际与围填海发展现状,从理论基础、发展概况、专题研究和对策建议等4个方面,围绕"浙江省海洋工程发展"展开分析,书稿最终结集成册。期望本书的研究结论能够为浙江省海洋工程建设的科学布局与海洋经济可持续发展的科学实践提供参考借鉴。

本书的写作和研究得到了浙江工商大学统计与数学学院诸多老师的指导和帮助。庄燕杰博士负责书稿整体框架的设计和统稿工作,本书所有章节均由庄燕杰博士、程开明教授负责撰写,统计与数学学院博士研究生刘琦璐、李泗娥、于静涵及硕士研究生徐扬、许晓东、吴西梦和高东东等也参与了本书的撰写工作。

本书的出版得到了浙江工商大学统计数据工程技术与应用协同创新中心(浙江省2011协同创新中心)、浙江省优势特色学科(浙江工商大学统计学)建设基金的资助,也受到了浙江工商大学之江大数据统计研究院、之江经济大数据实验室的联合资助,在此表示感谢。同时感谢浙江省海洋科学院、浙江省统计局与浙江工商大学统计与数学学院等为本书的撰写提供所需的数据

及各种软硬件支持。感谢参与本研究工作的所有成员的辛苦付出。此外，还有部分硕博研究生也对本书的撰写提供了数据分析方面的支持，在此一并表示感谢！

在书稿撰写过程中参考借鉴了众多学者的研究成果，文中对于这些成果的引用和参考尽力做出标注与说明，但难免一些遗漏，若未能注明，在此深表歉意。此外，由于书稿撰写者的知识与能力所限，文中的不当之处敬请各位读者批评指正。

庄燕杰

2020年12月